[日]山本润◎著
Jun Yamamoto
王倩◎译　李昊◎校译

13岁，我不再是我

13歳、「私」をなくした私

性暴力受害者的创伤修复之路

台海出版社

图书在版编目（CIP）数据

13 岁，我不再是我 /（日）山本润著；王倩译 . --
北京：台海出版社，2019.12
ISBN 978-7-5168-2470-2

Ⅰ . ① 1… Ⅱ . ①山… ②王… Ⅲ . ①心理学—通俗读
物 Ⅳ . ① B84-49

中国版本图书馆 CIP 数据核字（2019）第 242184 号

13-SAI，"WATASHI" WO NAKUSHITA WATASHI SEIBOURYOKU TO IKIRU KOTO NO REAL
by JUN YAMAMOTO

Original Japanese edition published by Asahi Shimbun Publications Inc., Japan
Chinese translation rights in simple characters arranged with Asahi Shimbun
Publications Inc., Japan through Bardon-chinese Media Agency, Taipei

著作权合同登记号 图字：01-2019-6323

13 岁，我不再是我

著　　者：［日］山本润　　　　译　　者：王倩

出 版 人：蔡　旭
责任编辑：赵旭雯

出版发行：台海出版社
地　　址：北京市东城区景山东街 20 号　邮政编码：100009
电　　话：010 — 64041652（发行，邮购）
传　　真：010 — 84045799（总编室）
网　　址：www.taimeng.org.cn/thcbs/default.htm
E - mail：thcbs@126.com

经　　销：全国各地新华书店
印　　刷：天津旭非印刷有限公司
本书如有破损、缺页、装订错误，请与本社联系调换

开　　本：880 毫米 ×1230 毫米　1/32
字　　数：150 千字
印　　张：7.75
版　　次：2019 年 12 月第 1 版
印　　次：2020 年 5 月第 1 次印刷
书　　号：ISBN 978-7-5168-2470-2
定　　价：49.80 元

序 言

我是一个父亲性虐待下的幸存者。

在我十三岁的时候，父亲开始对我实施性虐待，这种行为持续了七年，一直到父母离婚。

起初，我并不知道自己身上正在发生什么。十三岁的我在那之前并没有与人交往过，我并不知道父亲所开始的是性行为。而且，在我的意识里完全没有作为一个父亲会对自己的孩子采取性行为的概念。生活在日本的人们，恐怕也是这样想的吧。

离开父亲后，性虐待结束了，但它的影响却持续了很久。我用了几十年才走了出来，这是当时的我、母亲以及朋友等身边的人所没想到的。我无法理解为什么父亲的所作所为会导致自己产生决定性的变化，它给我的人生带来巨大的影响，为什么我无法像普通人那样生活，为此我痛苦不堪。

性暴力是很难诉说的，其影响也不易讲述。

不想记起的事情在不经意间浮现心头，为了避开它，人会让自己的情感变得迟钝，其结果就是无法感受到自己还活着。

不断地被自己毫无所能的无力感所侵袭，从而失去与他人进行恰当交流的能力。

占据人类一半的男人都是野兽，是恶魔，我一边感受着世界充满了敌意，一边生活着。

对细小的事情过于敏感，一边抱着处于紧张状态的身体，一边忍受着随时会产生的恐惧感的折磨而活着。

受到性虐待后，我时常因为被伤害和玷污而感到羞耻，觉得自己是一个没有价值的人，我在这种想法中苟延残喘。

每天在这些情绪中生活着，让活着也变成一件困难的事情。

如今，我一边作为护士工作着，一边在演讲中讲述自身遭受性暴力的经历及其影响，告诉人们性暴力具体是哪些行为。作为有受害经历的当事人，我运营着一个自助团体，并举办一些活动。

据我了解，大部分人仍然不知道，大量性暴力案件正在发生，这对受害者产生了深深的伤害，并给他们的人生带来了巨大打击。

由于性暴力会产生巨大的冲击，因此连受害人本身都很难去理解发生在自己身上的事情并描述自身所处的状态。当然，受害者身边的人及相关人员也无法理解其“伤害”，继而采取一些不合适的应对方法。

邀请我做演讲时，对方经常会说“请您讲一下经历性暴力伤害后的心情”。

在那一瞬间，思考停止，恐怖感袭来，你会感到自己不再是自己，混杂了绝望和各种各样的感觉……一边回忆并感受着那个经历是如何侵蚀自己的内心，如何改变了自己，一边将其讲述出来是非常困难的。

即使我们可以讲述性暴力的事实，却无法讲述其影响，这使得性暴力会带来怎样的伤害变得难以具体化。

在很长一段时间内，我重复着支离破碎的行为，花费了很多金钱和精力，一边流着在受迫害时没能流下的眼泪，一边进行受伤后的心理重建。

然后，我向其他的受害当事人、援助者以及专家学习，变得能够以自己的方式去理解性暴力的事实及其影响。从开始遭受伤害的十三岁起，一直到能够讲述出这本书中所写的内容，我一共用了二十九年的时间。

本书中写了我受到父亲的性迫害后内心世界的变化，以及性暴力对一个人产生的影响。

第一章中讲述性暴力的事实，第二章到第四章中介绍表现为各种症状的性暴力的影响，第五章是性暴力给身边的人带来的影响以及与受害者的关系，第六章是直面性暴力加害，第七章介绍康复之路，最后一章介绍现在国内正在致力于刑法（性犯罪）修改所进行的活动。

虽然这只是我的个人经历，但我以性暴力受害人身上容易发生的事情为中心对其进行了总结。同时，在每章末都写了帮助我迈向未来的知识与信息。

正如色狼行为及性骚扰在日常生活中经常发生那样，性暴力受害绝不是一种特殊的现象。

2014 年度内阁府有关最严重的强奸受害的调查显示，在日本大约十五人中就有一位女性（6.7%）有过被异性强迫性交的经历。遭受性迫害的是小学入学前及小学时期十二岁以下的人群，全体女性中大约一百四十个人中就有一位（占强奸受害者整体的 7.1%）受害者。

还有一些统计遗漏的受害者，同时男性及性小众受害者目前还无法得到整体的统计。

也许有人觉得这个数字很少，也许也有人觉得这个数字很多，立场不同看法也会不同，但我认为“即使只有一个人，这个数字也太多了”。

这个观点是我从美国政府所实施的面向女性的防止暴力启发运动中学到的。

2014 年 4 月白宫公开了一个叫作“1 is too many”的视频，引起了巨大反响。

在这则六十秒的视频中，男演员中的大腕、有名的体育明星、成功的创业家等陆续出现在画面中，他们这样说道：

“我们来结束这种行为，请听我说。”

“如果她不同意，或是无法给出同意的声明，那就是强奸，是暴力。”

“这是犯罪，是错误的行为。”

同时拜登副总统与奥巴马总统也发出了声音。

“我们希望，所有男性都能够成为我们‘解决方案’的一部分。”

“对性暴力画上终止符是我们所有男性的责任，这场运动要从你开始。”

“因为 1 is too many——只要有一个人（即使只有一次），这个数字都太多了。”

“即使只有一个人这个数字也太多了。”这句话深深地打动了我。

“性暴力的发生是无法避免的”，“又不会减少”，“整天到处主张的人才很奇怪”，“错在没法忍住的受害人一方”。

生活在日本，一直以来我听到了很多这样的声音。

但是，事实绝非如此。

我认为性暴力是不可原谅的，是必须终止的行为，我们必须要改变这个现状。

即便如此，新闻报道以及周围人对它的反应，让我感到性暴力的现状依然并未被理解。受害者及其家人还有周围亲近的人康复所需要的合适的系统并未完善，有时候我也会对这一现状有绝望与想要放弃的感觉。

但我认为，如果能够了解性暴力具体有怎样的伤害以及我们应该采取怎样合适的应对方法，那么人们的态度也会改变。

读完本书，或许大家会对性暴力受害者所面对的现实感到震惊。但是，每日都出现的性犯罪、性暴力新闻，其背后都有着同等数量的一边接受战斗一边努力生存的人们。

同时，我还要告诉遭受过性迫害的人们。

或许有时，遗忘会变得非常痛苦。这时候，你可以看看标题，哪怕只是读一读可以读下去的章节与引导也好。

我希望能够通过这本书，增加日本社会对于性暴力的理解，消除这样的痛苦，同时也希望在你的康复之路上，本书能够起到一些微薄的作用。

目 录

第一章　性暴力的开始

第二章　刻印

第三章　酗酒

第四章　性爱很恐怖，但是停不下来

第五章　母亲与我的纠葛

第六章　加害者的内心

第七章　找回“我”

终章　除非你行动起来

第一章 性暴力的开始

不记得“那一天”是否会被看作不可思议的事情?

那个让我的人生发生了翻天覆地的变化的一天。

然而，那一天却从我的记忆中完全消失了。

记忆会在某一天复苏吗?

我祈祷着，等到那个时候，我已经能够从容面对“那一天”的记忆。

幸福的孩提时代

“我回来了。”

打开门后，我向着没有人的屋子喊道。从小我就是一个人，自己带着家里的钥匙。

搬到这个社区是小学二年级的秋天。虽然只是搬到旁边的城市，但从以前居住的宽阔的庭院，有着金鱼、兔子、鸡的生活到钢筋水泥箱子中的生活，这一转变令我不知所措。

我的母亲在一家设备公司做事务员，搬到新社区之前我们居住在事务所与宿舍一体的老房子里。建筑虽然很旧，但院子很大。母亲在里面种着蔬菜，我过着被动物们包围着的生活。

母亲换了工作，开始在我转校的小学后面距离很近的分公司上班。家里面没有人，我觉得很孤单，所以总是顺便去学校后面的公司看一看母亲，然后再回家。

“这里是妈妈上班的地方，可不能来呀。”被母亲这样说过后，我渐渐地就不去了。不过那个时候我升了年级，回家也变得晚了。

母亲大概六点回家做晚饭，我们母女看看电视，聊聊天，日子就这样过着。母亲做的饭很好吃，这一切都那样理所当然，这就是我幸福的孩提时代。

父亲一周只露面一两次，我没有什么和父亲的故事。

在我出生前，父亲是一位教师。

我还记得，在我上小学一年级的时候，他给我做了有空缺的纸条，用来遮住教科书上的答案，只能读到书本正文。

但是，我还是个孩子，使起劲来没个轻重，这些纸条还没使用就被我撕破了。

父亲对我很无语。

（好不容易为我做的纸条，却被撕破了。）

这种罪恶感，我至今仍然记得。

父亲是一个总能让我产生罪恶感的人。

他经常会一脸得意地说："等你再大点儿，就会明白我想说的意思了。"

而我会因为自己无法理解父亲而感到惭愧。

他也是一位满身谜团的人。

母亲与父亲有时候会吵得不可开交。对于孩子来说，父母之间的吵架是非常痛苦的。

"你们别吵了！"我那会儿还是小学生，哭着跑了出去。安慰我的人正是父亲。

后来，这个事情被家里人提到的时候，父亲就会说："那时候，是我安慰了润。"

就这样，这变成了父亲的成果。

激烈争吵的原因未被提及，对此我已经习惯了。

由于当时，在家里有权力的是母亲，所以争吵也以母亲逐出父亲而告终。

父亲会在三四日后，等母亲气消了再回来。

就这样循环往复。

“你在哪里睡觉了？”

这样问他后，他往往会回答：“在公园的椅子上睡的。”

他总是这样回答，我也就毫不怀疑地接受了。

因为有父亲在山中小屋生活时的照片，所以我觉得他是一个会四处旅游、扎地为营的人。

我从来都不觉得不可思议。

由于父亲讨厌与附近的人扯上关系，因此母亲叮嘱我“不要向别人说家里的事情”。

在社区多事的大婶间，我被传成是一个不苟言笑的孩子。

虽然我也会和社区的孩子们玩耍，但相对来说还是比较喜欢看书，是一名会泡在图书室里，读完怪盗绅士鲁邦整个系列书籍的小学生。

在我读小学五年级的时候，母亲上班的公司倒闭了。在那之后，她因为工作吃了很多苦。虽然她开始成为一名护理助手，在老年人医院上班，但彼时还没有护理士制度，在没有任何知识和技术的情况下看护一些高龄患者与重度障碍者，据她说净是一些让她惊慌失措的经历。而且，护理助手也需要上夜班。

母亲上夜班的晚上，父亲就会来。

我和父亲说话的次数寥寥无几。

我记得我都是待在用屏风隔出来的七平方米出头的自己的屋里，而父亲则是在厨房看电视或读书。

父亲不怎么关心我的事情。

我对什么感兴趣，他不在家时我都干了什么，在我的记忆里他从没问过我。

虽然我们在同一个房子里，但却静静地各忙各的。不过，我一直都在窥探如影般的父亲的动向，就这样打发时间。

或许我对父亲不如对母亲那般信任，就是因为有这样的记忆吧。

我喜欢把自己的心情随意涂写在纸上，写完之后再把纸扔掉。

有一次，我在别的话里掺杂着写了一句："我没法喜欢我爸爸。"

然后扔掉了。

父亲从垃圾箱里捡起了这张纸，然后看到了这句话。

虽然他什么也没说，但那时我所感到的罪恶感以及被窥视后的愤怒感至今仍留在我心中。

于我而言，父亲是一个安静又鬼鬼祟祟的人，仿佛影子一般。

三年后，这个影子开始来侵蚀我。

从记忆中缺失的“那一天”

在我中学的时候，父母开始经营一家居酒屋。从那时开始，一直以来作为正式员工的母亲和四处漂泊换工作的父亲在家的地位发生了逆转。

虽然生活能力高的是母亲，但父亲总是像口头禅一样地说“你什么都不知道”，或是“所以才说你不行”这些话。一开始，母亲也会反驳他，但父亲完全不会听她的，慢慢地就变成母亲去配合他了。

“父亲是正确的，父亲就是权威。”这是在我家里蔓延的价值观。

为何反复换工作、遇到问题就逃避、完全没有处理问题能力的父亲会变成权威，现在再看我会持怀疑态度。

但是，父亲总是自夸：“世人都只顾着看别人脸色，并不明白真正的活法。我虽然一无所有，但却活得最真实。”然后表现出一副自己不被人理解、怀才不遇的样子。

虽然在我心里，我并不认为父亲如他所说的那样，但我总是站在他那边。因为父亲会给每个人排序，而我在家里的地位最低，所以我通过依附父亲、看低母亲来守护我在家中的地位。

母亲的性格健全而耿直，她并没有因为父亲蔑视她的言行而受伤。

而另一方面，人格还在形成中途的我则很容易被动摇、被伤害。

一天，我无意中向父亲说起自己在小说中读到的骑自行车的故事。那本小说中写了一个杀人魔在自行车上安装利器，然后刺穿路人的故事。

还是个孩子的我想让父亲也佩服一下，于是跟他说“有人还会用自行车干这种事”。

然而，父亲说：“骑自行车的人才不会干那种事。你就是个傻子，什么都不知道！”他彻底地击溃了我。

我哭了，但依然没有得到谅解。我感到很不甘心，接着哭。我不能理解，为什么他要把我说成这样，而且我能感觉到他很享受这样。

还是孩子的我愤怒地发抖，然而却什么也做不了。

你是个孩子，就意味着你在家里处于最低的地位。

起码在我成长的家庭中是这样的。

我想，这多少对于在我身上发生的事情产生了影响。

我无法违逆大人这些有权者，这是我被灌输的价值观。

在我十三岁的时候，父亲开始进入我睡觉的被窝，摸我的身体。

正如一开始我写的那样，我无法正确地回忆起这段经历。

也无法确定是何月何日的事情。

这种行为在无言中开始，然后一直持续着。

我完全不能理解自己正在被动接受一种怎样的行为。

虽然记忆很模糊，但对照着母亲的记忆，我想大概开始于十三岁时的春天。

因为这个行为开始后过了一段时间，我跟母亲说：

“爸爸总是进我被窝，我睡不着。”

我没能直接说出自己被摸了身体。

为什么没说出口呢，这个问题我至今仍在思考。

对于十三岁的我来说，那是超越了自己意识的事情。因为一直以来，那个人都和我一起生活，我们一起欢笑，一起打趣，一起玩摔跤，之前也曾一起睡过。

可是，被那个人摸胸和屁股，这让我感觉非常别扭，也很讨厌。

只是我并不知道这样哪里奇怪了，怎么个奇怪法，以及这个事情是否合适说出来。

或许，那会儿我还只是个孩子，感觉还是不说为好。如果说了，就会发生某种变化，或是自己周围的世界会猛烈地崩塌。所以，我才选择说因为父亲进了我的被窝，所以才睡不着。

即便如此，如果母亲问我“发生了什么让你不愉快的事情吗？他有没有摸你哪儿？”的话，我或许会回答“是的”。

只是，对于十三岁的我来说，说出“睡不着”就已经是竭尽全力地在说“NO”了。

母亲只是按照字面意思理解了我说“睡不着”这件事。

“润都说她睡不着了，你以后别跟她一起睡了。”

她强烈地向父亲要求。

所以，有一段时间他没有进过我的被窝。

然而，风头过去后他又开始了。

父亲的行动总是发生在风头过后。

一旦发生什么不好的事情。

他就会暂时消失。

然后，又出现。

一直重复这样的情况，这就是他的人生模式。

解离——分割

当他再次开始的时候，我已经无法承受了。

当内心无法承受的时候，人就会隔离感觉与感情。这是在无意识中进行的，负荷过重，会陷入满是压力的状态。

我什么也不思考，什么也感觉不到，就这样度日。在这段时间，父亲的行为不断升级，我想，从这个时候开始，我开始处于一种称作“解离”的状态。

解离是指“通常情况下处于统合状态的意识、记忆、同一性、周围的知觉等功能”丧失的状态。就是一种仿佛我不是我，虽然人在这里，但却与周围分离的感觉。这种情况尤其多由于虐待等“使人受到心理创伤的事情、难以解决的人际关系的问题等心因性因素”而产生。（落合滋之监修《精神神经疾病视觉书》）

旁人或许会奇怪为什么这件事会造成如此大的压力。

的确，这并非会威胁到生命的激烈暴力。

但是，我感到很恐惧。那段经历带给我的除了恐惧还是恐惧。

只是，很少有人能够很快认识到是这样的经历。就连我自己也有很长一段时间无法理解自己感到恐惧这件事。

我不明白父亲在做什么。

也不知道他接下来要做什么。

他的行为一直在持续，仿佛这其中不存在我的意识般，无视我自身，肆无忌惮。

我的身体被撕裂，变得支离破碎。

（为什么我明明一直在说讨厌这样，在表达我的不情愿，他还在继续？）

我像是进入了没有出口的迷宫，落入暗无天日的洞穴，这种感觉至今记忆犹新。

那是一种无路可逃的恐怖感。

即便现在，每当我想要回忆起自己的遭遇并讲述出来时，我都会耗尽电量自动关机，这是身体在通过不去感受当时的感觉来自我保护。

所以，我只能讲得很模糊，也只想那样来表述。但是，我这样做，只能将我的感受传达给感受力与察觉力很高的人，无法让更多的人了解到。

之后的岁月中，我也因为经历了如此巨大的痛苦却无法得到别人的理解而备受折磨。

同时，我知道自己受到了伤害，但是为什么这种事情会造成伤害，这是一种怎样的伤害，虽然是发生在自己身上的事情，但却连我自己都无法理解，我也苦于这样不合道理的事实。

这种连自己都不明白、也无法向别人说明的状态，并不是因为那件事让我变得奇怪，而是我开始怀疑自己是不是原本就是个奇怪的人。我害怕被周围人看作怪人。

父亲的行为再次开始的时候，思考被切断的同时，不知为何，我开始强烈地认为这是所有家庭司空见惯的事情，只是大家都不说而已。

这是一次思考的飞跃。

不同于动物，人有认识外界，通过意识来调整的能力。为了与无法改变的现实妥协，我改变了自己的认知（对世界的理解）。

（这是所有家庭司空见惯的事情。）

而我不得不这样想，其中一个原因是，我没有任何性暴力相关的知识与信息。

虽然学校有性教育，但并没有教给我们有关性暴力的知识。母亲跟我说："要留心不认识的人，发生什么事情了要跟妈妈说。"但是，在母亲的脑海里，完全没有亲生父亲会与女儿进行性接触的事情。

我甚至都不知道发生在自己身上的是性接触，当我意识到的时候，已经过去了七年。

爱与侵略之间

七年很漫长。即使我中学毕业升入高中，晚上父亲还是会来。

父亲下班回来很晚，这时母亲已经入睡。然后，他会在母亲起床前去店里。

同已经进入青春期后期的女儿同床共枕是相当奇怪的事情，只是这对我来说已经是日常生活了，所以也没能意识到。

每当在性暴力伤害支援机构的宣传册子中读到常见的"请帮

我求救”的话时，我的心情都会变得很复杂。

我没能在当时就意识到发生在自己身上的事情是否异常。

身体因为恐怖而颤抖，但却无法将其传达给意识。

害怕得说不出话，就是这种感觉。

能说出“救救我”，说明有能力在认清状况的基础上，做出可以求助的判断，并能够传达出事实。

而这种能力，当时的我已经丧失了。

虽然白天我会去学校与朋友聊天，但内心却充满了对夜晚的恐惧，到了夜晚，日常体验着连自己都无法记得的事情。

在家庭这个封闭的世界中反复发生的性暴力严重地扭曲了我的认知。

“世界很危险，有一半人都是敌人，谁都不会帮我。”

对于遭受迫害、处于青春期的我来说，世界就是这样的。

我的内心，还发生了许多其他的变化。

比如，受到伤害后我觉得自己是没有价值的人。因为如果是需要保护的非常重要的人，根本就不会发生这样的事。

我开始觉得自己并不重要，不值得被珍惜。

青春期是为成人做准备的时期，而我的时钟却停在了十三岁。

虽然有关性伤害的记忆大多遗失了，但十七岁左右时的一个场景我却记得。

我正在睡梦中，突然感觉到父亲来了，于是醒过来。我被吓哭了，然后他就停了下来，接着我们相拥而眠。

回顾这个场景，至今我仍有种胃扭曲、头绞痛的感觉。

有了这样的经历，就会变得难以区分安全与危险、爱与侵略。

就是与人一边相处一边生存下去的感觉被破坏了。

因此，在那之后我也很难认识到父亲的所作所为是性暴力、性虐待，也会经常被一些危险并且不珍惜我的男性吸引。

七年虽然很久，但我并没有真正被性侵过。

我仍记得父亲的性器官，可能的话，我希望自己见到的是所爱之人的。

对我而言，性并非在对等的关系中所进行的探索，也不是出于对对方的信赖，而是单方面的、入侵性的行为。

戛然而止

高中毕业，高考失利后，我开始在父母经营的居酒屋中工作。封锁麻痹的内心也无法产生“逃跑”这一行动。

在店里工作快三年的一天，就在我准备出店做准备时，母亲打来电话，让我去距离最近的车站旁边一站的荞麦面店。

她说道：“我打算和你爸爸分手，把店关了。”

父母一直都在争吵，母亲的心里已经打定主意的样子。

但是事情进展得并不顺利，他们因为关店的事情起了很大争执，在那期间父亲都没回过家。

父亲说：“因为我说开始，才有了这家店。”母亲说：“如果没有我出钱，这店还开不起来呢。”对此，父亲说：“要开店的决心才最重要。”

这种莫名其妙、毫无头绪的争吵持续了好几个月，最终，父亲扔下钥匙离开店里，去向不明。

“万一你父亲有个三长两短……”

母亲担心他会自杀。对此，看穿他的演技的我和从关西过来帮忙的小姨一致不断地表示：“绝对不会的，我们趁此机会把店关了吧。”

因此，这家店才得以关门。

为了防止母亲被父亲带走，我们母女俩从之前一直居住的关东搬到了关西。

我有种终于得到解放的感觉。

父亲写了封“我正在从北向南旅行”的信，被送到了熟人的转寄住址那里，他像往常那样，风头过后又回到了我们过去居住的地方。

好像他又重新开店了，但之后的事情我就不知道了。

性暴力受害者生存指南①

在我身上发生了什么？
理解性暴力

遭受性暴力后会产生许多感情与混乱。

我感受到的最大的混乱，就是**不知道自己身上发生了什么。**

现在的话，我知道那是性暴力。

但是为了认识到这一点，我们必须要了解“什么是性暴力”。

在这里，让我们先来一起学习一下有关性暴力的知识吧。

没有征得同意的性言行就是性暴力

“没有征得同意的性言行就是性暴力”，这是重要的基本定义。

WHO（世界卫生组织）将性暴力定义为一切通过身体暴力进行的性行为以及为了获得性所进行的行为（包括强奸、强奸未遂、强制猥亵、色狼、贩卖人身、性发言等），加害者可以是任何人（丈夫或恋人），任何环境下（家庭、职场等）发生的伤害都属于性暴力。从以上内容可以看出，其定义和与被害者的关系、处于何种状况没有关系。

认识到和与被害者的关系、处于何种状况没有关系这一点很重要。性暴力的受害者有时候会被周围人说“是你想多了吧”“明确地表示你不愿意不就好了”“因为你干了那种事才会这样的……”，仿佛责任在受害者的言行上一般。

并非如此！

你的行为没有任何责任。

发生性暴力并不是你的错。

责任在于在那个时间、那个地点选择了性暴力的加害者一方。你要持续明确地认识到，你是没有责任的。

真正的同意是指？

没有同意、没有对等性的强制性的性行为就是性暴力。

□同意……“同意不是仅仅指你说了‘好的’，而是基于年龄、成熟、发育水平、经验能够理解对方提出的事情（某种性行为）是什么。”

□对等性……“根据身体、知识、感情发育的差距以及被动性和积极性、权力和支配、权威等来评判。”对方处于优势地位时，关系就不对等。

□强制性……“处于优势地位者利用其立场，否定被害者选择的自由。”用暴力、威胁、花言巧语来使受害者做出其不情愿的事情。强行交易也属于其范畴，还有“发生性行为的话就不会被殴打”等。（藤冈淳子《性暴力的理解与治疗教育》）

像这样，有关性行为的同意，我们需要关注的是这种同意是否是“真正的同意”。

性暴力可能发生在任何地方、任何人身上

我们常常会认为只有走夜路的时候被不认识的男人袭击才叫性暴力。

然而，加害者会使用优势立场、花言巧语、威胁等各种手段，并选择自己最容易得手的时间和地点实施性暴力。

性暴力可能发生在任何地方，任何人成为加害者都不意外。

*** 家中**

熟人、家人、恋人、伙伴所实施的性行为。

· 关照自己的人（导师、医生、邻居）

· 身边的人（玩伴、家人的朋友、亲戚、家人）

如果对方有势力，包括年长、有权力、有魅力等，那么受害者将无处可逃。

*** 家外面**

由不认识的人实施的性暴力。上学路上、游玩场地、商业区内、建筑物内等，这些原本“安全的地方”也会发生。

儿童性行动准则

我们从儿童的性行动准则复习一下对性的基本认识。

没有同意的性言行就是性暴力。由于儿童没有足够的知识和经验来同意，因此对儿童的性行为就是性暴力。

*** 直接接触身体**

· 将性器官或物体插入阴道、肛门、口腔的行为

· 接触隐私部位（穿泳衣时遮住的部位）

· 被强迫插入或接触加害者

*** 未接触身体**

· 偷窥、拍摄、展示隐私部位

· 用儿童拍摄色情片或放映色情片

· 隐私部位或性行为照片的外流

· 有色情内容的评论、流言、搭讪

（mofumofunet 专业研修资料）

当发生这些情况时，要找一位不会妄下结论的可信赖的人听你倾诉。如果能够遇到一位帮你一起寻找解决办法的人，他会成为你的支柱。

性暴力受害后可以做的事情

*** 报警**

报警的时候可以打电话到性犯罪专线。在网上搜索“性犯罪受害咨询电话设置一览表”就可以查到居住地的报警电话。

报警后并非立即进行搜查，可以从咨询开始。

*** 通报儿童咨询所**

针对未满十八岁的儿童实施的性暴力、性虐待要通报儿童咨询所，在那里可以接受专业的咨询与援助。

*** 向法律专家咨询**

审判手续及法律相关咨询可以找律师。法律平台上提供免费的法律咨询并介绍律师。

*** 向行政机构咨询**

不能去学校了，不能去工作了，没有住的地方或是没有钱，各种问题都有可能产生。

不同地区的行政机构提供不同的受害者支援，当问题发生时，可以接受来自犯罪受害者支援室及福利事务所等处的援助。如果受害者未满十八岁，可以向儿童咨询所咨询。

*** 向民间支援团体咨询**

向性暴力受害者支援中心咨询的话，或许那里会介绍相应的机构来帮忙处理。

还可以向民间的援助团体咨询。

搜索“性暴力受害”“一站式中心”的话，或许便于找到符合需求的机构。

第二章 刻印

在地雷上盖房子

“爸爸一直在摸我的身体。”

我的坦白很唐突。

母亲和父亲分手后，我们即将搬去关西。搬家的准备工作全部结束后，我们聚在母亲朋友家里开告别会。

桌上摆满了我和母亲一起做的美味。好像当时我们坐在桌前，正准备干杯的时候，我非常高兴地坦白了前面那句。

说好像，是因为这个事情并不会经常被我回忆起来。虽然我记得自己说过这句话，但为什么突然说出来，是在聚会前说的还是在聚会后说的，这些完全想不起来。

前后搬家的场景明明记得很清楚，连我自己都觉得不可思议。

来不及打包，搬家公司的姐姐帮我们一起把行李塞到纸箱子的事情，看着大卡车从新家公寓楼梯的平台一辆接一辆地开到公寓前的马路上的事情，这些场景可以如影像般回忆起来。然而，关键的记忆却无法联想起来。

记忆的丧失也让我觉得自己是个有缺陷的人。但，想不起来也是没办法的事情，所以我就向有记忆的母亲确认了一下。问过之后，我也可以大致回忆起当时的心情了。

“那个夜晚不会再来了”“一切都结束了”“我得到解放了”，就是这样的欣喜。

我很开心。

另一方面，坦白后我看到了母亲惊愕的样子，也感觉到“啊，原来发生了不可以发生的事情”。

父亲做了不能做的事情。那么，被动接受的我是怎样的？

我没能阻止父亲，也没能向谁倾诉。我经历并展现了不可以发生的事情，我感觉自己仿佛就是那件事的证据，或是共犯一般。

即便如此，我还是以最快的速度封印了那些感情，努力地迈向新的人生。

然而，我并不知道，这种行为就如同在地雷上面盖房子一样。

母亲的惊愕

从1995年12月起，我开始和母亲两个人在关西一间狭小的公寓里生活。

由于母亲的老家就在关西，为了方便经常来帮忙的小姨过来，所以选择了这片土地。

我报考了一直以来感兴趣的福祉相关的函授大学。录取通知寄到的时候，母亲捂着脸去阳台哭了。

“哎呀，这个只要报考就能考上的。”

我跟她说道，但我想母亲内心也是百感交集的。

来到一片陌生的土地，抛弃了过去构建起来的一切。

还有我的未来。

对母亲而言，我的坦白无疑是晴天霹雳，让她感到天旋地转。

之后的岁月中，母亲说了下面的话。

发生了许多事，我和孩子她爸完全分手，我们一起经营的居酒屋关掉了，住处也从从关东搬到了关西。搬家的准备都结束后，我的朋友们来给我开送别会，就是那一天。

朋友、来帮忙的妹妹、我、女儿，就在我们四个人参加的聚会正要开始前。

爸爸一直在摸我的身体——女儿这么说。

接着，女儿说："我明明跟你说了！！"——我被这句话击垮了。

这样啊，原来是这个意思啊，我想。

女儿读中学二年级的时候，曾经跟我抱怨过。

她说讨厌父亲进自己的被窝。

我当时满心以为她是因为自己失眠睡不着才讨厌这样的。

我跟孩子她爸说，润说她睡不着，然后强烈要求他睡自己被窝。我跟他说，可不能妨碍孩子睡觉，这种事情当然是"NO"的。

结果，她爸说，因为女儿可爱，所以只是睡在她旁边而已。

润说了讨厌你这样，我再次强烈地批评了他。我以为，自己说得那么厉害了，他应该不会再做女儿讨厌的事了。

在我的脑子中，完全没有父亲会摸女儿身体这个概念。

当时，我经营着居酒屋，生活上时间非常不规则。之前上班的设备公司在我四十岁的时候倒闭了，其后为了工作我也吃尽了苦头。

孩子她爸从三十岁左右的时候就一直在换工作，干得最久的就是居酒屋了。于是，因为各种原因，最后我们一起开了店。

开店非常辛苦，我们必须要盈利。当时的我，满脑子都是经营店铺的事情。

店铺离家骑自行车大概十分钟的距离，店里打烊收拾完后，我大概半夜0点～1点回家。到家后，我会计算一下营业额，整理发票，睡觉的时候大概2点～3点了。

孩子她爸说“住在店里，自己时间会比较充裕”，所以他并不是每天都回家。

我说过他之后，他开始跟我说“我要泡澡，你给我热一下水”，“今天我在家睡觉，给我铺一下床铺”。

他睡得比我晚，起得又比我早，我起来的时候他已经去店里了。

现在我才明白，为了在自己的行为暴露时找个合适的借口，他找了很多说辞，为自己回家创造理由，伪装自己。

听了女儿的“我明明跟你说了！！”后，这句话一直在我的脑海中回响。

由于冲击与惊愕，我的内心极度混乱。

究竟发生了什么，我用了好几个小时才回过神来。

然后我的内心充斥着自责感和罪恶感。

我痛恨那个愚蠢的自己，在女儿说“讨厌父亲进自己被窝”时，没能明白她的意思。

我感到悔恨不已。

就因为我没发觉，居然发生了这种事……我一直在责骂那个没能守护好女儿的自己。

我的人生都被颠覆了。天变成了地，地变成了天……

过了一段时间，我才意识到，不是我的人生，而是女儿的人生……

接着，一阵羞耻的感情向我袭来，这让我很痛苦。

我居然爱着一个将我的孩子作为性对象的男人，还和这个男人建立了亲密关系！

我为自己感到羞耻。现在想起来，羞耻是一种非常强烈的负面感情，如果当时能接受专业的援助就好了。那样的话，我就能更早地脱离这种无谓的耻辱感。

这个时候，我没有援助，也无法平息那种心情。

虽说我们已经分手，但最初能走在一起是因为我爱他，所以我的脑海中涌动着各种感情。

无意识地让记忆沉淀

另一方面，我在尽全力构建起自己的生活。

平日里，我一边在居酒屋打工，一边上着函授大学的课程，写写报告。那个时期，我们靠着母亲的存款生活。

虽然我也考虑从函授教育课程转到本科，但我们的资金并不富余。而且我也去了大学介绍的福祉专业就业说明会，我觉得福祉系的工资都不够我自立生活。

我放弃了用福祉专业来就业，决定当一名护士。选择当护士，是因为这个职业在哪儿都可以工作。

由于离开原本生活的土地，就像是被赶走一样，所以我感觉在普通的公司就职风险很高。一旦发生什么事情，我必须抛下一切逃走。

同时，我也害怕母亲又会被父亲的花言巧语所迷惑，然后被骗回去。

或许有一天，我又必须逃到一片未知的土地。护士这个职业去哪里都能找到工作，这对我来说很有魅力。

虽然并不明确，但我也在考虑将来从事儿童虐待的相关工作。要成为保健师，需要有护士资格。如果能够成为护士，然后成为保健师，那么就有可能在保健所或者儿童咨询所做儿童虐待的相关工作。

搬到关西两年后，我考上了护士学校，开始为成为一名护士而学习。

来到关西后，母亲一直处于抑郁状态。

一直都很阳光的母亲变得毫无朝气，总是以泪洗面，这让我很是担心。担心着母亲的期间，我都无暇顾及自己的问题。

这个时候，母亲曾多次试图问我发生了什么，但据她说完全不能提起这个话题。

我那个时候的状态是，强烈地拒绝那段经历本身，只要有一丁点相关话题的影子，我就会立刻起身离开。

捂上耳朵，闭上眼睛，让全身僵硬起来，一切都已经结束了，我要将这些彻底清除掉。就是这样一种状态。

这时的我生存在一种与受害相关经历完全分离的状态中。关于受害的事情，我的态度都是“不知道”“拜拜”“和我没关系”。我想，这是因为心理创伤所带来的痛苦过于强烈，如果不这样的话我根本没有办法活下来。本来这时候是需要心理治疗的，但也没有这样的认识。

母亲说，这个时候的润，很少见地给人一种离开了地面，飘浮在空中的感觉。

一有和受害相关的事情浮现在意识中，我会立刻将它从意识中清理掉。我的生活从受害相关的事情那里躲得远远的。

然而，避开的东西是会不断堆积的。

无意识中沉淀下来的东西会以症状的形式浮现出来。

后来，我知道这是人体的机制。但当时，我并不明白这些。自己并不了解的事情正在发生在自己身上。

“症状”开始出现的时候，我觉得自己开始变得奇怪。

错误信号——逆行与强迫症状

刚搬到关西时的我很黏母亲，我离不开她，买东西或是散步都会一起去。

睡觉的时候会抱着她，母亲在做饭或是洗衣服的时候我也会从后面抱着她，正如幼儿黏着母亲一样。

我想，已经二十岁出头的女儿像个婴幼儿一样黏着自己，母亲当然也觉得困惑，但她还是忍了下来。

我完全回到了婴儿的状态。变回婴儿是逆行现象，是一种被称作“防卫机制”的内心机制。弟弟妹妹出生的时候，上一个孩子多少会有些返回婴儿的表现，这种现象很有名。而遭受虐待或目击了家庭暴力的孩子及大人也会在苦于压力的时候出现这种情况。

夏日炎热的一天，母亲正在榻榻米上午睡，风扇向横躺着的母亲身上吹着风。

我掀起母亲的 T 恤，把乳头含在嘴里。

我想像婴儿一样向母亲撒娇，就是这种心态。

母亲变了脸色跳起来："不要再这样了！"她说。

我当时是怎么样的表情呢？

不过，我有种被当头棒喝的感觉，突然清醒过来。

然后在脑海的一角感到——啊，我已经回不到娘胎里了。

接着是——没办法，已经被生下来了，只能活下去。

这样想着。

在这个世界中，靠自己的力量。

就这样，我的逆行现象结束了。

而另一方面，我身上也同时出现了无法停止重复且无意义的行为强迫症状。

在重复同一个行动的时候，我不用做任何思考。

我的强迫症状之一是重复不断地在厨房放杯子。

给杯子里倒水，然后喝完。接着将杯子放到水池里，我会在意放置的位置。虽然并没有固定的位置，但总感觉放的位置不对。我会把杯子稍微拿起来一点，悬在空中，然后放入水池。但是，就算觉得自己放到正确的位置了，也会觉得不安，然后又拿起杯子。

就如同幼儿无穷无尽地重复同一个行为一样，我也毫不厌倦地重复放置着杯子，通过把注意力集中到这件事情上来消磨时间。

令人发愁的是没法出门这件事。

我会关上门，然后上锁。但是，手一离开门把手，我就无法确信自己有没有上锁，然后又伸手去摸门把手。只要门把手咔嚓转一下，门就无法打开了。然后我试图离开门，即便如此，我还是会觉得门是不是没上锁，接着又把手伸向门把手。

现在想来，这与父亲的入侵有关系。父亲是家人，所以当然会拿着钥匙进家里。现在已经搬离受害的居住区了，父亲不可能有这里的钥匙。然而，一旦我离开家里，父亲就有可能进来，无论如何我都无法打消这个念头。

我会在门口徘徊一个多小时，没办法出门。

我变得无法相信自己了。

我觉得无法正常生活，于是决定去接受心理咨询。

第一次心理咨询经历彻底失败

虽然我从书上学到要去接受心理咨询，但并不知道去哪里好。而且，我也出不起高额的咨询费，所以我决定去市里的免费咨询处。

咨询室设在公共设施里，里面的装修是阴沉的深棕色，给人感觉平日里是用作接待室的。

屋子里没有窗户，一位四十岁左右身材修长的女咨询师接待了我。

我和她在沙发桌处相向而坐。

“最近没法关上门，这让我很苦恼。”

“这样啊，为什么呢？”

“不论我关多少次门，都会担心是不是没锁上。”

我们聊了三四十分钟，然后我就坦白了。

“其实我被父亲摸过身体。”

她夸张地皱起了眉头。

接着，她在胸前紧握双手，探出身子。

“哎呀，真是可怜。”她说。

我感到自己被同情了，整个身子都变得僵硬。但直觉告诉我，我被人看低了。

声调、表情、动作，这一切都让我感到，“这家伙什么都不懂”。

她只是听我说话，也没有给出能够解决问题的建议。

我在心里发誓，再也不要去找什么专家咨询了，然后就离开了咨询室。

或许是我过于敏感，但对方拥有怎样的价值观、是如何看待我的，受伤后拼死挣扎的内心会通过直觉看穿这一切。

我并没有感到自己的经历得到了理解，也没有得到有关为什么会出现这些症状的说明。

本来，我应该去性迫害与心理创伤的专家处进行咨询，但1996年几乎没有这方面的信息。

我就这样结束了咨询体验，内心只刻下了对专家强烈的不信任感。

虽然我已经有些抑郁状态了，但再也不想去接受咨询了。

进入护士学校后，我每日都忙于写报告和实习。抑郁的波浪大概每周末会周期性地袭来，每当此时，我都像没电了一样，变得什么都干不了。

生活上有母亲的照顾，所以我只负责实习准备等最起码的事情，周六、周日睡一整天也是常有的事。

无法接受自己受害的事实

那件事对我没有任何影响，我才没有遭受那么过分的经历，那不可能是性迫害。没事，我这样劝慰自己。

而另一方面，我也觉得遭受这种事情的只有自己。

而且我深信，如果知道我曾经被父亲性骚扰过，大家一定会追着向有异常经历的我扔石头。

把这些混乱的认识解开来看，就是下面这样：

·无法理解为什么会发生这种事。

·我只是产生了过激反应。

·世界很危险，谁都不可信。

·但我无法在那种危险的世界里生存，所以要告诉自己“我没事”。

·不可能是很严重的伤害，因为如果很严重的话就必须处理，处理起来肯定更麻烦。

有一本书叫作《之后的不自由》，其中描写了从暴力等残忍的经历中存活下来的人是如何活下去的，此外还有一些精彩的实践。书中写道：“事情发生后过了好多年，当 T 认识到这是一种伤害时，T 才算‘经历’了那件事。”（上冈阳江・大岛荣子《之后的不自由》）

为了不感到恐惧而封印了记忆。

啊，和我是一样的，我想。

对伤害的感觉，我也无法承受得了。

为什么没能逃离？

三十岁过半，学习了“心理创伤”这个词后，为什么父亲的所作所为会把我伤害到这种地步，并对我的人生产生巨大的影响，我终于理解了其中的原理。

心理创伤的定义是“过去发生的事情使内心受到无法承受的冲击，同时也不断带来恐怖与不快的感觉，并持续产生影响到现在的状态”。（宫地尚子《心理创伤》）

性暴力就是会给心理和身体带来伤害，容易成为心理创伤的事情。

遭遇能够成为心理创伤，会让人有种“可能会死”的感觉的事情后，身体就会将一切集中在生存下去这件事上。脑部会切换开关，人类从生活在热带草原时代起就在使用的生存战略会得到优先使用，那就是“逃跑或是作战”的战略。如同野生动物一样，我们人类在受到袭击时，也会采取普遍且原始的防卫行动。

面临危机的动物，如果攻击来袭的敌人有胜算的话，它就会选择作战。如果觉得会失败，它就会逃跑。一切都是为了生存。

而如果既无法逃跑也无法作战的话，另一个自卫策略就会被启动，那就是冷冻（freeze）。

医学生物物理学博士彼得·莱文指出，冷冻（freeze）与逃跑或作战都是一样的，是一种为了生存下去所进行的普遍、基本的行为。

如果在热带草原上高角羚被猎豹袭击后没能逃脱，它会在最后关头采取冷冻（freeze）行为。高角羚会倒在地面上，或许是因为这样看上去像是死了一样。

但实际上，它是进入了意识变异状态，痛觉、知觉等所有的感觉都会钝化，这使得高角羚在被猎豹尖利的牙齿与爪子撕裂的时候，可以不用感知到痛苦。

读这篇文章时，我想，听说过野生动物被咬的时候也不会有痛苦的表情，原来会发生这样的变化。

此外，冷冻战略除了不会让自己感到痛苦外，还意味着找到生存的机会。

为了不被其他对手发现，猎豹有可能会将“死去”的猎物拖到安全的地点，或者将其带回老巢给孩子吃。这个时间内，高角羚会从僵硬状态中醒过来，然后就可以趁机逃走。危险过去后，动物可以完全恢复对身体的控制，若无其事地重返日常生活。

但莱文表示，脑部高度发达的人类却很难做到这一点。

“心理创伤症状并非‘成为导火索的’事件本身所引起的，而是产生于未解决的、未经释放的、冷冻的残余能量中。这些残余能量被封锁于神经系统中，有可能会破坏我们的身心。”（彼得·莱文《心理创伤疗愈之道》）

了解了这一点，我才理解了，原来那件事一直都被刻印在我的神经系统中。

恐惧的心理过于强烈，以至于当时的自己无法抵抗，冻结起来。那种恐怖的能量与痛苦一直残留在我的身体里。

尽管已经身处于安全的地方，但只是想起或是想到受害的事情，我就会被带回到那个时候，变得窒息、想哭、浑身战栗以及心情阴郁。

这影响到了我生活的各个方面，我经常会因为看到性迫害的新闻，或是接触到与父亲体格、年龄、言行相仿的男性而产生心脏跳到喉咙眼的感觉，接着就是心悸与窒息。

即便如此，我也会对性迫害的新闻等产生一种忍不住想要去关注的冲动。就这样，每每被吸引，都会受到伤害，如此往复。

正因此，平日里我都会尽力避免思考或是感受这一切，也会尽可能地远离男性。

但，症状还是会显露出来。

弄丢“自己”的我

我感觉，受害期间就仿佛是在战场上一样。

如何才能逃脱？为了不继续受到更多伤害，我应该怎么办？身体变得僵硬，虽然思考在飞速运转，但只是在空转，毫无帮助。虽然脑子知道必须要行动，但肌肉僵硬，身体仿佛在梦中一般不受控制。心脏怦怦直跳，虽然呼吸很浅，但感觉搏动有两三倍那么大。在那种紧张状态中，浑身都失去了血色，我感到血液一瞬间都流到了脚底，手脚都变得僵硬冰冷起来——

当我终于从这样的战场中逃离时，如果此时我发现逃出来的自己没有手脚的话……

谁都不愿意认为自己的身体有巨大的损失。

我弄丢的，是我自己。

我不再觉得天空是美的，不再感受到季节的变迁，也不会为了喜欢的人而心跳加速，取而代之的，是对任何事物都感到麻木的、空洞的感情，仅仅因为是男性就会产生恐惧感的内心，以及行尸走肉般冷冻了的感觉。

虽然我也意识到自己失去了可贵的东西，对事物的认识变得扭曲，生活举步维艰，但我依然无法承认受害的事实。

但症状已经显露出来，我无法再回到隔离一切的状态了。

即使没有力气，我也只能向前走。

不过，这就意味着要面向痛苦。

性暴力受害者生存指南②

我怎么了？
性暴力的影响及其原因

突然泪流满面、失眠、感受到巨大的愤怒、感到身体不适，或者反过来什么都感受不到……

我的身上也发生了各种各样的变化。

当自己的身心发生变化的时候，

你或许会觉得自己变得很奇怪。

但这是很正常自然的现象。

当你因为症状感觉到身心不适时，可以找人进行咨询来应对这一切。

为了让自己轻松、容易地活下去，做一些尝试是非常重要的。

应对身心伤害带来的痛苦

遭受性暴力后，要冷静下来，去以下机构咨询：

- 外伤的疼痛→外科、急救科
- 怀孕、性感染症状、人工流产→妇产科
- 头痛、腹痛、疲倦感、身体不适→内科、神经科

·内心的痛苦→神经科、心疗内科、咨询、治疗、自助团体

内心的痛苦除了恐怖、不安、绝望感、自责的念头、无力感、愤怒之外，还有失去的痛苦（重要的东西、人、时间、纯真、自身）以及变得麻木的痛苦（解离、感情麻痹、感觉麻痹）。

即使受害经历看上去一样，对不同的人所产生的影响也是有差异的。

重点在于抚慰自己，不与他人作比较。

你因为那些经历而受伤，所以你是需要护理的。

有关心理创伤的护理

* 治疗是有效的

虽然可以去医疗机构的精神科或心疗内科接受治疗，但现状是熟悉心理创伤护理的医疗从事者依然很少。

同时，还有各种各样保险无法覆盖的心理创伤护理。最重要的是，要与治疗师保持同盟关系，与可信赖的治疗师共同努力会有助于治疗。

* 自助团体的力量

自助团体也很重要。

通过和与自己“有相同经历的人接触，互相倾听，然后开始觉

得自己并没有做错，自己是无辜的，改变对心理创伤经历的认识，找到行为变化的角色模式，意识到这并非‘个人的问题’，以此产生诸多效果”。（宫地尚子《心理创伤》）

*** 专家、治疗师的选择方法**

・对方是否理解性暴力且有相关知识（确认履历等）。

・对方是否与自己觉得可以信赖的人有联系。（读书或听演讲，实地去考察一下自己觉得可以信赖的人或团体是否适合自己。或者选择与其有联系的地方，失败的概率或许会小一些。）

	神经科诊疗	咨询、治疗	自助团体
优点	保险覆盖范围内的话，可以低价接受治疗。	可以得到适合自己或是最新的治疗方法。	可以遇到有相同经历的人。
缺点	自费诊疗的费用会比较高。也有一些对性暴力和心理创伤并不了解的医疗从事者。	保险覆盖范围外的价格高昂。治疗师也是鱼龙混杂。	团体内部的人际关系有时候会不顺利

各咨询机构的特点

*** 注意事项**

・**预防二次受害**。为了寻求帮助或接受治疗，结果却在那里被敲诈或受害……这个社会上存在一些试图利用弱者的人，如果觉得有异样，要找可信赖的人咨询。

· **不与治疗者发生性关系**。不与治疗者发生性关系，这一点很重要。这原是治疗者应该遵守的基本原则，与治疗者发生性关系会重演受害状况，将诸多问题带到这个关系中，不能继续进行治疗。

第三章

酗酒

想喝尿

2002 年，我二十八岁，在一家综合医院开始了护士的工作。

虽然我已经从医务师学校毕业，也取得了医务师证，但是自治体的医务师录用考试竞争太激烈了，我没能考上。于是便来到了母校的医院工作。

护士的工作非常辛苦。

要努力地读记录，把握病人的身体状况，测量生命特征，动用五感仔细观察，不错过任何异常的征兆，为每一位病人制订的护理计划，帮助病人移动、检查、抽血、打点滴、打针，喂病人喝药、吃饭，帮助他们保持身体清洁，促进排泄，并拼命完成其他各种各样的工作。

我们有时只有一二十分钟的时间吃午饭。有时必须留在病房加班到晚上九点，休息两个小时然后又得去上夜班。

虽然心里总是会想："我要辞职我要辞职！"但是，我也从病人和他们的家人、比我早进医院的护士和同事身上学到了很多。这段时光也让我从麻木的倒退的状态中摆脱出来，开始渐渐恢复知觉。

我一直在假装二十岁出头发生的那件事对我没有产生任何影响。

我一直对外说“我没事”“我很开心”，但其实我的感觉和感情仿佛被一块毛玻璃隔开了一样，我不知道什么是喜悦、什么是悲伤。

但是，二十七八岁之后，我慢慢能感觉到一些事物。我觉得这是因为开始工作后，与形形色色的人的相遇使我的世界变得愈加宽广了。

工作虽然十分辛苦，但每当病人和他们的家人对我表示感谢时，我就会觉得在这里自己的存在是有价值的。另外，在关乎生与死的现场，照顾身患重病的病人有时对自己来说也许也是一种安慰。这里没有职权骚扰，这里的环境使我对工作和活着产生了安全感。

但是，知觉恢复后，心理创伤带来的痛苦又开始向我袭来。

加上工作压力，我的强迫症又复发了。

这次的症状是想喝尿。

在医院的第一年，我被分配到了循环器官病房。在循环器官病房，为了进行 INOUT 管理（对病人饮水量、饮食中的含水量和排尿量的测量），我要测量病人的排尿量。病人用尿壶收集好尿液后，护士就负责测量、检测尿壶里的尿液。

循环器官病房的厕所墙壁上摆着每个病人的尿壶。

夜深人静的病房，有一位年轻护士在厕所里凝视着墙壁上摆着的那一排尿壶。这个人就是我。

如果喝了尿，那就是脑子有问题。

又脏，又有被感染的风险。

我一边矛盾着，一边对抗着内心想喝尿的冲动。

现在回想起来，当时吸引我的是男性的尿壶。

后来和心理医生谈到想喝尿的冲动是从哪儿来的时候，心理医生对我说："也许这和性有关。"

可能是从尿壶联想到了阴茎。

尽管当时我完全没有和男性交往的经验，整个人处于回避"交往"的一个状态，但我健康的身体还是产生了对性的渴望，也许是这种渴望以一种扭曲的形式展现了。

我很烦恼，但对喝尿念头的抗拒占了上风，所以我最终还是遏制住了喝尿的冲动。

不麻痹自己就无法活下去

但是，我也有遏制不了自己的欲望的时候。那就是喝酒。

我放任自己迷上喝酒，从一周喝一次到两次、三次，喝酒的次数越来越多。一次喝的量没有很多，大概是两三杯生啤，四五杯鸡尾酒。有时候也会喝到断片。

虽然上夜班的时候喝不了酒，但是天一亮，我就会去参加喝酒聚会。

喝了酒，我就能忘记所有的事。

心理的创伤再加上艰辛的工作，我觉得活着很辛苦。工作也是压力的来源。所以我不太想保持清醒，想通过喝醉来麻痹自己的感情和感觉，麻痹这份自己承受不了的痛苦。

护士的工作很辛苦，同事也都年纪不大，用缓解压力作为借口，我们多了很多喝酒的机会。

酒很容易就能买到，社会也往往会默许我们的行为。即使喝醉了，人们也不会太在意我们在酒桌上的一些失态。

你们可能会觉得，有压力的人不都是这么喝酒的嘛。但是我喝酒是为了忘却因遭受性暴力而产生的强烈不安，是为了缓解自己的紧张，麻痹自己的感觉。

对我来说喝酒是一种手段。只要喝醉了，就什么都无所谓了。

客观地来看，我干着一份普通的工作，处在安全的环境中。但是，过去发生过的事对我造成的伤害一直残留在我的心中。

受到心理创伤的时候，控制恐惧、愤怒等情绪的大脑扁桃体过度反应，使我对愤怒、恐惧等情绪的记忆十分深刻，而记忆事件的海马体的功能则被抑制了。所以我对当时发生的事的记忆并不是一串完整的时间线，而是断片的模糊的，有时甚至完全回想不起来发生了什么。

但是，这些伤痕被深深地刻在了我大脑的深处，一旦发生点什么，身体里所有的神经就会进入戒备模式，而大脑也由于伤痕没有恢复而一直无法从自己是受害者的感觉中摆脱出来。

所以我一直没有安全感，也很焦虑。还不如死了好。

但是，我想活着。

但是，我又想死。

我通过喝酒来麻痹自己，让自己忘记这些内心的混乱，忘记活在对自己来说不安全环境下给我带来的恐怖，总算是这么一路走过来了。我觉得正是我用酒精麻痹了自己，才能度过这段时期。

但这其实是一把双刃剑。

想要被杀死的冲动

那是我还在上医务师学校，和实习小组的组员在小酒屋喝酒时发生的事。我们谈到恋爱的话题，大家都很起劲。

一片欢快的氛围中，其他人理所当然似的询问了我恋爱的经验。虽然他们没有恶意，但是因为喝醉了，他们一直逼迫我说出来。

“我绝对不要说。”

即使被问到恋爱经验，我也只有和父亲的经验。这是绝对不可能说出来的。我脸上的血色尽退，显得十分苍白。

我身体僵硬着，趴在小酒屋坐席的一角，像胎儿一样缩成一团。

直到一位组员说：“她不喜欢这个话题，别问了。”

喝完酒和组员们分开后，我在中途的车站下了车，一个人彷徨在夜晚的河边上。

眼前是一片漆黑的河面。

当时，我也已经二十七岁了。

但我还是一无所有。

也有人想帮我介绍男朋友，但我太害怕了，完全不敢和对方见面。

我当时心想：啊啊，我真不是正常人啊。

我是不可能变成正常人的。

就是从这时起，我会喝得烂醉，在夜晚会去像河滩这样的危险的地方。

就是这个时候，我想要被杀死。

我一边希望着有谁能把我破坏得四分五裂，一边彷徨在黑漆漆的河滩上。

如果我是真的想死的话，其实应该就那么跳进河里。

但是，我当时希望的是能被谁杀死。

这也许是我心中强烈杀意的变相反映。但是，当时那里并没有加害者能让我释放杀意。

有的只是遭受了性暴力的自己，只是在性方面无法再与别人建立联系的自己，已经算不上是正常人的自己。

被人杀死的确令人害怕。但是，我一边害怕一边又希望能够遭遇那样的不幸，希望被弄得遍体鳞伤。

我不知道自己走了多久。没有出现要杀我的人，当意识到自己只是呆呆地坐在河滩的堤坝上后，我便回了家。

那之后也有过几次，自己喝得烂醉后去了危险地方的经历。

那个时候我还无法把控自己内心的怒气、恨意和杀意。

我想自己之所以没遇上什么坏人，直到现在还能活着，是因为我没有过于主动地置自己于危险之地，并且有我的母亲一直在身后支持着我使家庭关系较为稳定。而且我也有一份工作，生活的精神状态保持得比较好。这些都得益于很多人对我的关心和支持。

我的情况就像是在走钢丝，只是恰好钢丝没有断而已。但同时，也有其他一些人在黄昏时分会像被迷惑了一般一步步走向危险。

将这称为命运我觉得太过荒谬了。

与想死的人们相遇

成为护士两年后，我被调到急救病房。这里都是一些患了心肌梗死、中风或者遇上了交通事故等需要紧急集中性治疗的病人。

也有自杀未遂的病人被送到这里。比如从家里的阳台或者宾馆的窗户跳下去的人；想进行煤气自杀，但是由于一氧化碳中毒而变成植物人的人；或者服用了大量的安眠药或精神类药物的人以及多次割腕的人。

这里本是治疗蛛网膜下腔出血、心肌梗死和在交通事故中受到多重创伤的病人的地方。所以这些人的存在非常麻烦。

在急救病房救命第一。当你在尽自己最大努力拼命挽救生命时，这些想结束自己生命的人却被送来了，这是一件令人难以忍受的事。

“想死的话，就应该死干净。”

也有医护人员说过一些比较难听的话。

松本俊彦先生在他的著作《如果有人和你说他想死》中曾这样写道：“如果有人说他想死，那表示他很痛苦，痛苦到想死的地步。”“但是如果这份痛苦能得到即使一点点的缓解，那他们其实还是想要活着的。”然而在这个时代，大家并不了解这些自杀未遂的人们的心中所想。即使是现在，也许也不能说所有的医护工作者都理解了这样的心理。

对于割腕的病人，我们要进行必需的缝合和伤口的处理。而对于跳楼后下肢和骨盆骨折的病人，我们要进行骨折复位手术。也有一些人在接受治疗之前就因为内脏受损而去世了。

对于由于服用过量的安眠药等精神治疗药物，被送来时失去意识的病人，我们要往他们体内插入胃导管以防止病人因为呕吐物窒息，然后给他们打点滴来稀释血液中的药物浓度，再往膀胱中插入导尿管使血液中的药物随着尿被排出体外。

这些服用了大量药物的病人跟家人或者恋人联系时会说："我服药了。""我已经要死了。"然后他们的家人或恋人就会慌慌张张地或者不耐烦地赶过去，找到已经昏迷不醒的他们，叫来救护车把他们送到医院。

进行了之前说的一系列处理，等第二天病人醒来后，他们绝大多数都会魂不守舍地发呆。这时我们一般会给他们介绍精神病医院，然后让他们办退院手续。

她也是一位因服用了过量药物而被送来的病人，要经历上述的一系列流程。

没有人陪在她的身边，只有她一个人。是她自己叫的救护车吗？还是说，她联系的人只帮她联系了救护车。不得而知。

服用了过量药物的病人因为药效会处于昏迷状态，很多人会在第二天的中午清醒，但她却是在天还没完全亮的三四点醒的。

然后和普通的病人不同，她醒来后很清醒，浑身散发着怒意。

"我为什么会在这地方！我要回去了！"

病房里的另一位护士正在休息，只有我和值班医生在。

我劝她说："您现在这样的状态是不能让您出院的。天亮后还要为您办手续，请您再等等。”但是她不听。

她强硬地说要出院且情绪越来越激动。但是我们根本无法放任她一个人回去。我请她联系家人来接她。她也不听，双方僵持不下。

“您好，抱歉在深夜打扰您。我是某某医院的护士，我叫山本，其实……”

我联系了一位女性，刚拜托完她来医院接那位病人时，就听到她说：“我才不去接！她和我没有任何关系。别再打电话来了。”然后咔嚓就挂掉了电话。电话挂掉后传来的呲呲的忙音刺激着我的耳膜。我不敢将这位女性的原话告诉她。

于是我诚惶诚恐地和从床上坐起来的她说道：“已经很晚了，今天出院还是比较困难的。天亮后我们再商量好吗？”

她默不作声。

也没有抬起脸。

她沉默地将扎在手腕里的点滴针连着胶带一起撕下，又将插在尿道里的导尿管拔了出来。

导尿管是往里面充入空气后像是卡着一样固定在膀胱的入口处的。不把空气放掉再拔的话，有可能会出血而且很疼。

但是，已经来不及阻止了。

我目送着从急救用的夜间进出口往医院外走去的她。我记得她拿着一个褪色了的小包，穿过用于急救搬运的双开自动门而去的背影。天还未亮，小小的背影踉踉跄跄地斜穿过停车场。我一直凝望着她直到她的背影融入黑暗中。

从她身上，我看到激烈的怒意和绝望。

我觉得她就是我。

不被任何人理解，没有人愿意施以援手，愤怒和绝望。

之所以会绝望是因为心中怀有期待，祈求有谁能帮帮自己。

但是并没有人来帮自己。而且，还一直在被背叛。

她大声呼喊，人们却堵上耳朵；她到处敲门求助，人们却避开眼睛。因为在人们眼中，她只是到处发疯乱闹。

但是，她自己该如何抑制心中这股如同失控野马般的冲动呢？

我很明白她正怀抱无法控制的痛苦在失落地彷徨。

但是，我什么也做不了。

护士的教科书上没有写像她一样的案例。当然也没有写像我这样的案例。我想找到任何能学会怎么处理这样案例的方法。

但其实这时，我已经被卷入心理创伤带来的最大的风暴之中了。

性暴力受害者生存指南③

为何会沉迷上瘾？
性暴力造成的心理创伤和应对方法

酗酒或者疯狂消费；已经服药过量，一旦停止，心里的不安就会加剧；等等。

也许你还有其他的许多问题。

遭受性暴力的人往往会尝试许多方法来减轻心中受到的影响。

其中有好的方法，也许也有不理想的方法。

这篇指南针对性暴力和上瘾进行讨论。

性暴力与心理创伤

性暴力会给人在心理和生理上带来巨大伤害，使人极易产生心理创伤。这就使得性暴力的受害者、幸存者需要各种各样的方法来进行应对。

如果由于心理创伤，使得受害者从早上起床到入睡前都必须感觉着和被施加暴力时同样的恐怖和难受，这样实在太残忍了。

或者有的情况是，受害者并非一直有这样的感受，也许通过什么途径这些感受又被触发，他们又感觉到了恐怖、焦虑和愤怒。

我们将这种会触发害人过去受害经历的记忆从而导致他们身心状态恶化的事物称为 trigger（触媒）。

***trigger（触媒）是什么？**

· 与加害者相似的事物（身材、性别、姓名）

· 被施加暴力的场所（场所、相似的环境）

· 和被施加暴力时相似的情况（脱衣服、入睡时）

· 被施加暴力时目击的事物（衣服的颜色、物品）

· 和被施加暴力相关的感觉（接触、气味、声音）

· 相关信息（新闻、性方面的话题、性教育）

· 和受害后情况相近的事物（与在医院、警局等的经历相似的环境）

（mofumofunet 专业研修资料）

日常生活中存在着许多心理创伤的触媒。

触媒本身并不危险，但如果受害者因为睡觉时仰卧的角度和当时被推倒时的角度一致，或者因为听到性暴力的新闻而回想起自己遭受暴力时的记忆的话，他们会一直日常性地感到恐怖和难受。

即使是在家里也无法安心，处于一种担惊受怕、痛苦的生活状态。

所以这些性暴力的受害者为了逃避这样的恐惧和痛苦，有时会无意识地麻痹自己使自己感觉不到痛苦，或者相反地寻求强烈的刺激让自己的注意力集中到那边去。

据说，“心理上的痛苦才是导致依赖症和上瘾行为的中心问题”。（出自爱德华·哈茨安、马克·J. 阿尔瓦纳西著《人为什么会患上依赖症》），而依赖的背后是痛苦和回避（试图避开痛苦的心理和行动）。

生存技巧——为了活下去而采取的应对方法

使用一些方法麻痹感觉，寻求强烈刺激很容易被人们认为是坏事，但另一方面这也是受害者为了能让自己活下去而采取的治愈自己的手段。

下一页的表格中左边列举了不健全的应对方法，而右边则列举了健全的应对方法。

不健全的应对方法	健全的应对方法
○感情的处理法（否认、遗忘、解离症） ○变得完美 ○不求助 ○假装自己没有问题 ○自残行为（割腕、烫伤等） ○饮食异常（厌食、暴饮暴食） ○依赖、上瘾（烟、酒、处方药和违法药品、工作、赌博、购物、游戏、网络、性爱等） ○自杀	○获得信息（书本、演讲会、培训） ○和人商量【性暴力受害者支援中心、生命电话、支援团体、公共部门（警察、保健站、福祉办公室）】 ○接受治疗（精神科、心理咨询、心理治疗） ○与人交流（自助小组、线下聚会、各团体） ○保养身体（瑜伽、按摩等） ○接触大自然，亲近动物

但我并不是说只能采取健全的应对方法。

当你觉得自己坏掉了，没有价值的时候，健全的应对方法有时会让人觉得很耀眼，难以接近。

当你陷入深渊，有时会觉得不健全的应对方法才适合自己。我也是既用了健全的方法又用了不健全的方法才活了下来。

但是，一直持续不健全的应对方法可能会导致生活和人生状况恶化。依赖上瘾“不仅会破坏个人，也许还会破坏这个人所拥有的所有人际关系”。（同出自上书）

我们必须认识到不健全的应对方法作为生存技巧的这一负面影响，**同时不断地让自己适应更健全的应对方法。这才是通往恢复的捷径。**

*** 和人商量**

我认为和人商量是最好的应对方法。

在依赖上瘾这方面，可以咨询一些有历史和经验的复健机构。例如，酗酒可以找 AA(Alcoholi Anonymous，匿名戒酒互助会），而毒品上瘾则可以向 DARC（Drug Addictlon Rehabilitation Center，戒毒中心）寻求帮助。

虽然了解性暴力的专家和组织还不多，但是可以通过读一些书，询问咨询机构或者参加培训来找到符合自己需要的专家。前往一些自己觉得不错的地方和人商量是很重要。

*** 值得信赖的咨询机构和商量对象不断增多**

这指的是不再否认自己的困顿、烦恼，与值得信赖的人或机构联系。

或者是说要知道能与之商量自己烦恼的团体的地址和联系方式，这一点是十分重要的。因为如果趁着问题还没变严重的时候和人商量，那么解决问题所需要的时间和精力就会相应地减少。

这个社会需要用制度来全面支援患有上瘾、自残等精神症状的受害人，增加这些机构和专家的数量是整个社会共同的课题。

改变生活质量的重要性

我为什么能戒掉酗酒呢？其实，当我注意到的时候，我已经自然而然地不再酗酒了。

这很大程度上是得益于我通过和进行性暴力幸存者、受害者支援活动的人们建立起联系，获得了各种各样的信息，从而开始认为“错的不是自己”“也许有一天我也能成为正常人”了。

在那之前我一直都为了能让自己看上去很正常而拼命努力，一直活在逃避之中，同时用酒精来转移自己的紧张。

但后来因为遇到了这些人和机构，他们完完全全接纳了作为遭受了性暴力受害人的我，于是自然而然地我就变得不再酗酒了。

而现在，我正和亲近的人一起轻斟慢酌地享受喝酒的乐趣。

第四章

性爱很恐怖，但是停不下来

我是老处女

在三十岁之前，我在性方面十分自闭。

因为直到二十七八岁我还坚信着："男性是会袭击女性的危险生物。""男性是野兽，是恶魔，是敌人。"和男性独处什么的想都不敢想。只要稍微露出破绽，他们就会飞扑过来袭击我。但这大概是因为我内心强烈地认为："连我的亲生父亲都对我做出了这么过分的事，其他的人肯定会更过分。"

因为有这种想法，所以我不仅无法和男性独处，连听到朋友要去参加联谊都会很担心。

当听说朋友举办的联谊上，有男性送参加联谊的女性回家时，我甚至向主办方询问那位女性有没有被强奸，她有没有安全回到家。结果对方一脸震惊地回答道："不可能会发生这种事的。"

但是，不安和担心的想法还是萦绕在我脑中无法挥散。我一方面对于男性怀有恐惧和不安，另一方面又对于自己无法作为女性活着而感到绝望。

我记得这样一件事。

那是在我二十七八岁的时候。

家里谁都不在，我试着脱光了衣服，镜子中照出了我白皙的裸体。我觉得这具身体一定不会被任何人触碰就这么老去吧。

保持着处女的状态就这么老去，我觉得自己是个老处女。

老处女是我从托尔斯泰的小说《战争与和平》中那位老姑娘身上想到的词。

我对不被任何人触碰，不被任何人渴望，就这么老去而感到绝望。

就这么放弃的话，我还太年轻。但是，我也没有力量能改变这样的情况。我静静地绝望着，心中涌出阵阵愤怒，可同时又没有地方可以释放愤怒，只能郁郁寡欢。

这样的情况在一段时间后发生了改变。我觉得这是因为我有过护士的工作经验。

在做护士时，我了解到了男性不会袭击我的事实。我意识到了男性医生、检查技术员、病人他们似乎都不会朝我飞扑过来。

我认识到了这一点，并迎来了我的三十岁，然后我第一次想道："啊，如果能和谁相爱就好了。"

我不需要心

如果是在童话中，那么会有命中注定的对象或王子出现，然后就会迎来幸福圆满的大结局。但是，现实生活却不会是这样。

开始希望能和谁相爱的我决定和一个人交往，那就是朋友介绍给我的一位男性。

如果不了解自己，那么也不会了解对方。所以，即使被问到喜欢什么样的男性时，我也一无所知。

这就和你去国外，第一次看到那个国家的货币时，完全不知道它的价值一样。你不知道这些货币可以用来交换什么，可以用来做什么，甚至在那之前不知道自己想做什么。

没办法，我只能尝试着按照理论行动。

我和那个人约过几次会，也亲吻过几次，但是我什么感觉都没有。只是觉得他的嘴唇压在我的嘴唇上，我也不懂什么是喜欢的感觉。因为这样的反应，我和那个人很快就不再见面了。

接下来遇见的是一位比我小的花花公子。我们的相遇十分不可思议，他是我在急救门诊工作时向我搭讪的。我马上觉得这个比我小的男孩子很可爱，也让人觉得很安心。

和他一起吃饭的时候，我知道了他有好多位女朋友。我很佩服他竟然如此受欢迎，毕竟我一直过的都是主动将自己与外部隔离的生活，所以对这样会搭讪的男生没有免疫力。

而且我原本就很害怕和谁发展成恋人关系。所以，如果我成为很多人的其中之一，那么我也不必很认真地去面对他。这让当时的我感到很安心。

到了三十岁，终于对性产生了好奇心的我在几次约会后，和他去了酒店。但是，我果然还是害怕性爱，所以没有做到最后。

他为了我忍了下来，而且想到他还有其他的恋人，我的心里也没有罪恶感。

这次实际体验也使我知道了，“男性是可以忍耐性欲的。他们并不是开始性交就一定要射精才能停下来”。

在我奇怪的感觉和这段不一般的关系中，我变得非常喜欢他。

可是我明明喜欢他了，接下来却又变得希望他受到恶劣的对待。虽然他比我小，但恋爱经验还是他比较丰富，我根本不可能让他受到伤害。

为什么我会希望自己喜欢的人受到伤害呢？我陷入了混乱。

如果喜欢对方，觉得对方惹人怜爱，那么就会温柔地对待他。但我却想伤害他。这是为什么呢？

这样回想起来，他身上有一些与我父亲相似的地方。

他帅气又随意、自顾自的行为让我想起了父亲。

对他抱有的好感和敌意，对他的喜欢和对父亲的愤恨这两种情绪夹杂在一起出现，使我变得无法控制自己的感情。从交往中途开始，我便坠入情网，变得苦苦思恋于他，我感觉自己都要发狂了。但是，我明白即使这么做，我也得不到他，一切只是徒然。

我想和他断绝关系。于是我删了他的电话号码和邮箱，也改了自己的电话号码，好让自己想见他也见不到。

可即使这么做，我想见他的心情还是越来越强烈。但我又见不到他，于是我变得越来越自暴自弃。

之后我便开始和别的男性交往了。

大医院里有很多年轻的男女在这里工作，所以邂逅的机会很多。喝酒聚会也很多，我会趁着这些机会，接近那些看上去能得手的男性。

但是，我无法做到最后。

因为不管怎么做，我还是害怕性爱。

可尽管如此，我还是没能放弃去酒店。保持着这样的一个状态。

在一次又一次反复的过程中，有一次去了酒店之后，对方很开心地和我说：“我们一起洗澡吧。”

我傻眼了。明明待会要做那么恐怖的事，为什么还得一起洗什么澡。

我觉得我的反应一定让对方感到了困惑。

因为对他来说快乐的事对我来说却很恐怖。

他愉快地邀请我一起洗澡这件事让我受到了打击。

“啊，这样啊，原来对一般人来说性爱是一件快乐的事啊。”我想道。

如果与他人的联系是通过不断的性爱，共享性方面的感情，使彼此变得愈加亲密，那么我并不想和对方共享心灵。像恋爱一样亲密的关系对我来说是不可能的。

我只要身体就好了，不需要心，只要一夜情就好了。我当时这么想。

想克服恐惧

我的第一次性爱也是发生在那样的一个夜晚。

那天是朋友的结婚典礼。

现在回想起来，我是在参加结婚典礼时变得奇怪的。之前也是，被邀请参加结婚典礼后，我却在典礼上勾搭新娘的弟弟，或者经常做出一些会让对方产生性冲动的、诱惑似的举动。

明明害怕性爱，为什么还会做出这样的举动呢?

性暴力是印刻在精神系统中的恐惧。但正如“有生命的地方就存在希望”这句话说的一样，我们的生命能打破这一恐惧，取回生命原本活力四射的光辉。性欲是身体健康的证明。

心理治疗的一种哈科米疗法说明，治愈是只出现在生物身上的现象，我们的身体具有回归性和生命自然活动的力量。

我觉得性欲很可怕，但同时我又觉得必须使自己恢复成健全的样子。这种想法超越了对性欲的恐惧。

之后的心理治疗师曾经对我说过：“山本小姐，您是会去挑战的那类人呢。”

和比我小的男朋友去酒店的那次，自己不想做到最后的那次，我知道了男性也是会尊重女性的。其他的男性也没有强迫我做过爱。于是渐渐地我克服了对性爱的恐惧，变得可以做到这一步，可以做到那一步了。

不过，即使是这样，我也有认为自己绝对无法做到的、不可能发生在自己身上的事，那就是结婚。

无所惧怕地和特定的某个人保持性关系，并维持这段关系，我觉得这对遭受过性暴力的自己来说是绝对不可能实现的事。

婚礼会场充斥着绿色和光芒，被幸福感所笼罩，其中还装点了许多美丽的鲜花。这是每个女孩子梦想中的美好婚礼。但身处婚礼现场的我，却被深沉的绝望所笼罩。

（啊，我是绝对不可能像这样和特定的某个人一起过上幸福的生活的吧。）

看着一起培育爱的结晶，走进婚姻殿堂的二人在我面前幸福的样子，我喝得烂醉如泥，像是在酒缸里泡过一样。

然后，我就和一位新郎的朋友一起去了酒店。那时的我，已经醉得不省人事了。

醒来后，就发现床单上沾着血。我意识到对方连避孕套都没戴，我们就这么做爱了。

首先脑中闪过的就是性传播疾病和怀孕。我想如果真的发生了这样的事，一定要让对方拿出一半的医疗费，于是我向对方询问了联系方式。

他不情愿地说："你是新郎的朋友，问他就知道了。"

半威胁似的从他那拿到联系方式后，我由于还有工作便回去上了夜班。

回医院后我才注意到，不知是不是在哪里被划到了，我的左膝盖下面有一条大伤痕。我没有任何感觉，将伤痕包扎了一下又吃了止痛药。那条伤痕直到现在还留着。

我的心里翻江倒海。

我觉得我对性爱的感觉是这样的：

可怕

危险

讨厌

令人不知道该如何是好

需要一边颤抖一边面对

只会让男性快乐

需要向男性献上身体

会被男性剥夺的事

就算不想做，也必须做

只是用身体进行的行动

当然，后来我没有再和那个男人见面。但那之后，我还是继续着像上次那样的性爱。

明明很害怕，停止不住颤抖，但我还是无法停止性行为。

我陷入了必须进行这样重复行为的状态。我经常用喝酒来麻痹自己的感觉，结束之后又变得满身伤痕。令我最痛苦的是，我无法用意志控制住自己。

渐渐地，我感觉到：“每一个男人都是不一样的，每一次性爱也是不一样的。”

在这之中，我确认了他们与父亲的不同。

从上面压在我身上的人，重量不同，触感不同，气味也不同。

每多一次性爱经验，我就会回想起十几岁时的那段经历，那是从我的身体中苏醒过来的记忆。

我一边感觉着压在我身上的父亲的重量，一边看着父亲。看着他的身体慢慢地包裹住我。

没有关系的关系

三十三岁跳槽到东京的医院时，我决定不再进行一夜情了。

人的心是多层的。即使压抑自己说我只要身体就行了，心底还是会渴望着爱和被爱的关系。但我无论怎么努力也做不到。

重复进行一夜情的时候，我完全不知道自己在做什么。我也不知道为什么自己无法和特定的某个人一对一地，建立起互相珍视的正常的关系，所以我的内心十分痛苦。

我希望改变这样的状态，于是决定接受在东京举行的 SANE

（Sexual Assault Nurse Examiner，性暴力受害者支援医务师）培训上担任讲师的女权主义心理咨询师的心理咨询。

女权主义心理咨询指的是由女性进行的为了女性的心理咨询。与传统的心理咨询不同，她们从“女性艰难的生活状态，不是个人的问题而是社会的问题”这一视点出发，帮助每位女性解决她们的问题。她们的特点在于揭露性骚扰、家庭暴力、性虐待、性暴力等“对女性暴力”的存在，将其作为社会问题提出，并采取各种手段致力于解决这些问题。（日本女权主义心理咨询学会主页）

那位女权主义心理咨询师在讲课中这么对我说道：“性暴力受害者的恢复需要五年，如果有依赖上瘾行为的话则需要十年。”

听了她的话，我并没有觉得这段时间非常漫长。

因为我知道了这个历程会有终点，这让我十分开心。我原本以为必须一直在这条没有出口的隧道，这个没有白天的黑夜永无止尽地徘徊下去。

五年或者十年，有这个预测的话，我就能感觉到希望。但这前提是必须接受治疗才有可能恢复。

于是我决定接受心理咨询。这可是我曾决定再也不干第二次的事情。

我和心理咨询师说了被父亲施加性暴力的经历，并告诉她：

“在三十岁之前我在性方面一直很自闭，三十岁之后虽然开始希望能和谁相爱，但是又觉得只要一次性的关系就好了。之前我一直对此很烦恼，不过现在我觉得这也是没办法的事。但是，我还是想知道我和父亲的关系对我会有怎样的影响。还有如果可能的话，我希望能建立一段更长一点的关系，所以想知道为什么我之前做不到。”

听了我的话，心理咨询师这么对我说道：“如果你的父亲对你而言不是‘你的父亲”这样的关系的话，他对你做的事是不会有这样的影响的。因为你有了被亲近的人侵犯的经历，所以觉得与人建立关系很危险，而像一夜情这样没有关系的关系会比较安全。”

没有关系的关系比较安全。

这句话深深地回荡在我的心中。

我一直在责备无法与他人建立正常关系的自己，但是原来是这样啊。我坦然接受了这句话。

然后，我被问道：“你身边有没有希望变成她那样的女性呢？”

我回答道：“有。美智子。”

美智子是我在医务师学校时认识的好朋友，是一位漂亮的女性。她非常能理解别人，可以顺利地和人建立起良好的人际关系。她又漂亮又温柔，但是对于不达标的男人呢，她也会毫不留情地舍弃。这样的她，十分受男人的欢迎。

我在美智子身旁近距离地看着她那温柔又严厉的态度，我觉得这样的态度是十分宝贵的。美智子拥有自然的自信，因为她想拥有满意的人生，所以对男人的性格要求很高。不过，这样一来，男性也会不断让自己成长起来。

与美智子不同，我却十分害怕在男性那里遭受到痛苦。所以，没有办法要求对方做些什么，也没有办法拒绝对方，只能唯唯诺诺地顺从。

我和她对性的态度是完全相反的。

美智子讲过一句话我至今都无法忘怀。

“小润，男人的使命是让女人变得幸福呀。”

我非常震惊。

因为我一直认为男人是敌人，所以她的这句话简直颠覆了我的世界观。

而美智子也正如她说的一样十分受到男人的珍视，她也同样十分珍视男人们。这对我来说是未知的世界。

“你能从那位美智子女士身上学到一些就好了呢。”心理咨询师对我说道。

美智子和男人的相处方式对我来说太难以模仿了，不过我还是想尽可能地学学看。

然而现实是，如果你心里想改变就能改变的话，人就不会那么辛苦了。

我容易喜欢上的是那些将来有可能会进行家庭暴力的，过于自信且傲慢，即使伤害了他人也不在意的自顾自的男人。

我觉得会喜欢上他们，是因为我没有经历过令我感到安全和安心的性关系。我的第一次性关系很危险，使我遍体鳞伤，所以对于那以外的关系我想都无法想象。

我告诉了美智子自己遭受性暴力的经历，并和她表露了我的烦恼和行为。

美智子没有批判我也没有分析我，只是静静地听着我讲完后问我说："小润，你为什么会这么想呢？"

美智子出于感性的这一自然而然的提问将我从自己狭隘的牛角尖中拉了出来。为什么我会这么想呢，也许也存在着不同的认知方式。

很久之后，有一次我和好朋友美智子说我接下来要去约会时，美智子曾和我说道："不错啊，要好好撒撒娇呀。"

我的大脑顿时变得极度混乱。

（撒娇……是什么？）

对我来说，和男人见面代表着不断的紧张和纠葛。

我一边憎恶着男人都是下半身动物，一边和他们做着应付场面的性爱。我厌恶这样的自己，也对让我产生这样感觉的男人们感到愤怒。但同时，我又害怕我的这种愤怒如果被察觉，会受到男人们报复。我的感情和行为就是像这样来回兜圈子，前后不一致。

当我不断思考要撒娇，要撒娇时，他将手臂伸过来搂住了我。

我不知道自己该怎么做。

（为什么有人会愿意用手臂搂着我这样的人呢？）

这是我当时内心的写照。

我就是像这样无法通过普通的邂逅与谁相爱或是相互珍视。有时我会觉得，处在对方心里第二重要的位置对我来说比较安全，而同时又会对这样的情况感到焦躁和空虚。但是，这才是我所了解和熟悉的关系。

从悬崖上飞翔而下的诱惑

我想和某个人建立持续的正常的关系，但我却做不到。

我的心里所想和实际行动总是相左。在这样的情况下，我注册了一个交友网站。

我跟在这个网站上认识的人实际见面的次数并不多。有一次上夜班前天还亮着的时候，我突然很想很想很想做爱。

为了缓解性欲，我登录了交友网站，找到了一个可以来附近车站见我的人。

“你现在能过来吗？”

“可以啊。”

看来对方也兴致满满。

我要做的只是前往赴约。

但是我却像跪伏着一样，蜷缩着身体蹲在护士宿舍的木地板上。

只要去车站，就能与那个男人见面，然后去酒店做爱，再回到医院上夜班。

我想这么做，不，我不想这么做。

那是吸引着我从悬崖上飞翔而下的诱惑。我想伸开双手，在悬崖上奔跑，甩开重力，像滑翔一样从悬崖上飞往天空。

但是我没有翅膀。我一定会翻着跟头从断崖上滚落下去，被浪花来回拍打，然后无数次撞到岩石上吧。

我知道会这样，但我还是渴望飞翔。我想摆脱这一自己都无法抑制的冲动。

我并不是想做爱。

但是，我却停不下来。

我想蔑视自己，让自己痛苦，感受身体的快感。我也由此变得绝望，贬低自己，轻视对方，和不知道身份的男人做爱置自己于危险之中，背叛自己，将一切弄得粉碎。

这一冲动实在过于强烈。

我就那么蜷缩地跪在木地板上。直到时间到来，我为了上夜班而前往医院。

为什么我没有去呢？

是因为对工作的责任？还是因为害怕遇到危险？

从悬崖上飞翔而下的诱惑是一个比喻，但是蜷缩着跪在护士宿舍的我的确朝着悬崖下面望了望。然后，我看见了倒在悬崖下被狠狠摔过的自己的尸体。

即使从悬崖上飞下去，我也只能摔倒在岩石上。

可明知如此，我还是想要飞翔。甩开心理创伤带来的过于沉重的压力，即使是一瞬间也好，我想从中解脱。

但是……俯瞰着悬崖下方自己的尸体。

我还不想死。

我从断崖退了回来，回头看了几眼，最终还是离开了悬崖。

飞翔的诱惑渐渐地变淡了。

性暴力受害者有时会频繁地进行性行为。这一点，专家十分清楚。这是因为，他们会无意识地将自己置身于过去，试图重演心理创伤的经历。

他们想通过创造出与受到心理创伤时相同的情况，弥补上“那个时候会没做到的事”或者“那个时候没说出的话”。他们无法逃离，也无法战斗，所以希望通过重现当时的场景来终结自己内心冰冻僵化在原地的感觉和感情反应。

比如，在路上遭遇性暴力的人，可能会反复在同一时间段前往自己受害的场所。（**朱迪思·刘易斯·赫尔曼《创伤与复原》**）

他们应该是在尝试着克服自己的心理阴影。但是，对心理创伤场景的重演，很多时候会引起更多的性暴力受害。

在我的意识中，我完全不知道为什么自己要做这样的事，但是我还是会无意识地将当时的场景重演。

重演在很多时候会很危险，但是也有可能会为自己前进到下一个阶段提供一个契机。

接下来，我就想讲讲这一点。

父亲的影子

我慢慢变得能建立起稍微持久一些的关系，并和一位年长我十岁的男性交往了。

他是一个只会讲自己事的人。和他的见面，一直都是在情侣酒店。

他似乎没有其他在交往中的对象，但我们的关系还没有发展到可以进入他的私人领域的程度。

虽然他嘴上说着“我爱你”“你和别的女性都不一样，非常厉害”，但是实际上他并没有送我礼物或者带我去一些能让我开心的地方，用行动表示他对我的爱。

他渴望的只是我的身体。我和朋友去看演唱会的时候，他为了消磨一点点空闲时间，曾经把我叫出来。

就算我告诉他：“我现在和朋友在看演唱会。”

他也会说：“我在这么忙的工作间隙，无论如何都想和你见面。我对你来说不是很重要吗？”

被他这么一说，我就觉得我必须得去见他，于是我和朋友道了歉，赶到了他身边。

然而，他却想让我付酒店的房费（当然我绝对没有付）。

印象最深的是和他一起去旅行的时候。因为我们在交往，所以我和他说想一起去旅行，然后我就预约了酒店，在附近的温泉住了一夜。

但是在第二天退房后去附近的景点观光的时候，他却突然说：“对不起，我实在有必须要做的工作得走了。我会补偿你的。”然后，他连午饭都没吃就回去了。

而我，虽然绷着脸但还是和他说：“既然是工作那也没办法。”与他分开后，我在电车中思考着。

和这个人见面后，我总是被同一种感觉所笼罩。

不知所谓的混乱和见面后感到的空虚，这些都是我经常经历的东西。

我知道这种感觉。

我感觉自己是被利用了，被他用来填补自己的空虚和寂寞。

这种感觉才是我了解的，是我习惯和熟知的东西。

当时的我还没有注意到，这是父亲给予我的东西。

我当时很渴望结婚，我和朋友聊了聊和他结婚的可能性，朋友和我说，你们是绝对不可能的。

当被朋友说“你和他在一起只会变得不幸”时，我这样想道：

“据说人生中幸福和不幸的分量是一样的。

而我已经偿还了不幸的代价。

所以我只会选择通向幸福的道路。”

虽然觉得我和这个人没有未来，不过我还是暂时拖延不决地和他交往着。直到有一次，他找碴儿似的向我宣泄了他的不满。于是我趁着这次机会，主动断绝了和他的联系，他打来的电话也一律不接，就这样我们的交往结束了。

我期待着幸福的关系。但是，我在性事中没有过这样的经验，所以我不知道什么才是幸福的关系。

而且我下意识地害怕改变，因为所有的新事物都是难以预测的。

所以我才会反复被那些糟糕的关系吸引。

因为这些是我熟悉的东西。

但即使可以维持身体上的关系，如果不能维持心灵上的关系，最终只能反复地感受空虚，无法走向幸福的人生。

我从这段经验中学到的是一句话：

要爱值得你爱的人。

我应该爱的不是吸引我的人，不是让我不可自拔的人，而是值得我爱的人。我开始祈祷希望爱上值得我爱的人。

创造自己的性倾向

在我三十二三岁向周围公开自己的受害经历时，一个朋友曾对我说："我觉得小润你如果能和诚实又可靠的男人交往，那你的伤口一定会愈合的。"

对于经历过"喜欢上了就想伤害对方"这样的感情的我而言，即使听到了这句话也很难想象那种画面。像这样受过伤的我如果遇见了那样的男人，一定会依赖他、玩弄他、伤害他，把我们的关系弄得一塌糊涂。

"所以我必须先把自己的伤治好，再和这样诚实又稳定的男性相遇。”我这么想。

虽然我自身完全不被诚实又可靠的男性吸引，但是她对我说的话有一半是正确的。

自己出生是什么性别，渴望怎样的性关系，这些性倾向只靠自己是无法创造的。

实际感受到这一点，是在与我的丈夫相遇之后。

我是通过朋友与丈夫相遇的，他主动联系了我，然后我们就交往了。

即使让选择男性的基准比较奇怪的我来看，他也是个可靠安全的男人，但我还是决定听听其他人的意见。

好朋友美智子、之前商量过的好朋友夫妇，以及从一开始就一直给了我很多生活建议的我个人的精神导师。我决定问他们：“我和他交往，然后结婚，会不会有问题？”

结果四个人都异口同声地回答：“他是个非常好的人，我觉得没有任何问题。”有他们给我打包票，我便决定和丈夫交往了。

和他交往的过程中，我所经历的是完全对等的关系，他十分尊重我。

比如他会非常客气地询问我的想法，钦佩并赞同我的意见。

我第一次经历的性关系是与父亲之间发生的，单向的、支配性的、完全无法抵抗的强制性关系。

所以建立性关系的时候，我一直都选择了上下关系中下的位置。

对等、水平的关系对我来说是第一次。

在多次实际感受到我的丈夫是一个令人感到安全、安心、不需要任何担心的人之后，我们结婚了。

这次结婚是在男女双方同意，以及认识到互相是处于一个对等关系的基础上进行的。

不过即便如此，结婚后突然遇到一些小波澜时，我也会害怕万一不小心和他说了什么，那么即使是这样温柔的丈夫也会狠狠地伤害我。

具体就是将生活中的一些不满和自己的想法告诉他的时候。

比如看到东西被乱扔着，我不由地会脱口而出：“好好整理啊。”可是那之后，便会反射性地觉得完蛋了，感觉一股寒意袭上了我的脊背。

我很害怕他会不会和我说一些令我毛骨悚然的冷言冷语，会不会对我做出一些令我的心因受到打击而冰冻的事。

除了丈夫，和我唯一一起生活过的男性就是我的父亲，所以我没有过和男性在一起还能感觉到安心的经验。

即使明白丈夫是不会做这样事的人，但我还是会害怕他会对我怎么样。

不过即使被过去的经历支配着，我还是向着新的道路迈出了脚步，而丈夫也对着这样的我展现出了完全不同的男性模样。

在我说了好好整理的时候，他会不情不愿地按我说的去做，并且不情愿地说道："但是，小润你之前也没有整理啊。"这是不存在暴力和支配的对等的交流。

我虽然还没告诉过他我从父亲那遭受了性暴力的事，但是在和他相处的过程中，我心中的安全感和安心感慢慢生长，变得能够从心底相信他了。

我之所以要写这些生活中琐碎的小事，是因为我想告诉大家性倾向并不仅仅是性行为。

美国的一本写给十几岁受到性暴力的幸存者和她的朋友的书《想告诉你事的事情》中，关于题为《性是从厨房开始的》一文做了如下介绍。

"性应该是关于爱和献身、诚实、关心、礼仪、尊敬的事，在前往卧室的很久之前，性就已经开始了。

"里曼医生认为性是在日常生活之中，通过各种方法在珍视彼此关系的基础上成立的东西。不然，性就会只剩空壳而不具有内

容。”（辛西娅·L.马瑟、K.E.德拜《想告诉你的事情》）

我也在和丈夫的生活中渐渐懂得了这一点。

不需要我说，丈夫就自觉地把盘子洗了的时候，给我倒茶的时候，在日常生活中帮助我的时候，我都觉得他非常可爱。

我对他的爱也越来越深，并会在各种场面表达出来，而他也会回应我。

我们在共同创造、感受、分享性方面的感情。

但我的想法能从“男人是不能相信的野兽”的偏见转变为“也是存在值得相信的男人的，不是所有的男人都会一有机会就进行性暴力”，我丈夫发挥了很大的影响。

丈夫让我懂得的事

丈夫紧紧地抱着我，听到他赞美我的时候，我才知道自己的身体是美丽的。

他温柔地抚摸着我的头发，所以我知道了自己是会被温柔对待的。

他的嘴唇吻过我的肌肤时，我感觉我们正在分享着无可替代的珍贵时光。

我们的身心都获得了解放，我们相互渴求，相互爱着。

正是因为丈夫在身边，我才感觉到了性并不是单向的、强制性的、暴力的东西，而是相互念着对方而共同进行的行为。

现在，我对性的感觉是

它是一件好事

能让人安心

很舒服

很快乐

充满了喜悦

能随时和对方说：“停下”“今天就做到这”

很安全

像是一件珍贵的礼物

是一个获得了双方的同意的过程

和对方一起做的事

因为自己和对方都“想做”才做的事

能在其中说出自己想让对方做什么的事

身心都得到满足的行为

能使性欲得到满足，让人感到安宁

当我第一次感受到这些的那个夜晚，我不由得哭了出来。这是喜悦的眼泪。

丈夫担心地问道："怎么了？为什么哭呢？"而我除了说"我很开心"之外，什么也说不出来。

我们生活在一起，会发生很多事，当然也会有吵架。

但看到他努力洗碗的样子，我就会很高兴。现在我觉得，爱情就是相互给予。

有了这些认识的改变，结婚半年后，我向丈夫诉说了我从父亲那受到性暴力的经历。

但因为我的坦白，最受伤的人果然还是我的母亲。

性暴力受害者生存指南④

性创伤是什么？

性暴力就是对性实施伤害。比如性幽闭，或者性行为活跃。

最使我困扰的也就是无法控制性行为。

虽然内心十分自责，但感觉这才是适合受伤的自己的状态。

在本指南中将介绍复杂的性创伤和界限。

希望大家能够重视自己的界限，并能够找到自己所期望的性的方式。

意识界限

界限就好像是看不见的围栏，能够让我们感到安心，感到自己被保护着。如果把这比喻为家周围的围栏，可能会更容易理解一些。每一个人，就算是孩子也拥有自己的界限并受到尊重的权利。

性暴力是最后打破界限的一种侵害。界限受到破坏，就无法保护自己，自己还会被伤害。修复被破坏的界限对性暴力幸存者来说是重要的课题。

*** 界限完好**

因为界限不是有形的物体，所以可能难以理解，大致是指让我们感受到自己是安全的、可以放心的、不被侵犯的（在界限内，你可以不必说不想说的话。没有你的允许，自己的身体不会被他人触碰。还会提供让你感到安全安心的环境）。

这个界限会根据你与其他人之间的关系进行伸缩。

如果不小心越过了别人的界限，就赶紧道歉。

*** 界限被破坏**

是指很多人越入界限中，或者重要的东西被夺走，或者自己的自尊心受到伤害（受邀时，虽然内心不想去，但无法拒绝。即使想挂断打了很久的电话，但是没法挂断。受到侮辱性的对待，却无法抵抗）。有时我们自己也不知道对方的界限，也会侵犯到其他人的界限。

修复界限的方法首先就是在受到侵犯的时候明确告诉对方自己很讨厌这种行为；对方不理解的时候，去找了解解决方法的人进行咨询，这是很重要的环节。

*** 性创伤的恢复**

遭受性暴力后，会出现对性行为产生恐惧，很难产生性快感，容易抑制性欲的情况。相反，也会有过度性行为等在性关系方面有困难的情况。性本来是令人享受的东西，但受害者和幸存者因为自己的最后一道界限受到了侵犯，就很难感觉到性的积极的一面。

性安全、性健康

双方同意，互相平等，没有强迫的性行为促进身心健康，得到活力和喜悦。那么，该如何获得性安全和性健康呢？

除了要注意性关系和性行为，也要重视饮食、卫生等个人生活以及性关系以外的人际关系良好，因为整体的生活质量提高才能平衡改善所有事物。

*** 调整生活**

· 饮食健康，营养均衡。

· 头发和身体保持清洁的状态。

· 睡眠（如果持续多日无法入眠，可进行医疗。服用处方药调整生活对身心的稳定大有作用）。

*** 与周围人建立良好的关系**

· 不责备自己或他人，与周围人建立良好关系。

· 与自助小组或治疗人员等专业人士练习如何保持良好的人际关系。

*** 进行积极的让心情愉悦的活动**

· 做让自己开心的事，比如唱歌、散步、与朋友聊天、绘画等。

身体有性反应的罪恶感

遭受到性暴力时，受害者的身体会有反应，所以我有时会听到受害者会责备自己。身体如果受到刺激自然会有反应。男性有时会勃起、射精，但并不代表接受这种性行为。

精神科医师、社会学者宫地尚子表示："受害者会憎恨违背自己意志的身体，会自责自己是不是喜欢这样，是不是共犯，精神上会受到严厉的追究。"（《心理创伤》）

即使违背意志的行为，身体也会有反应，这是自然的。但是，如果没有同意，那么这就是性暴力。

第五章
母亲与我的纠葛

性暴力会对身边的人带来很大的影响。与受害者的距离越近，影响越大。

家人或身边的人在并不知道性暴力是什么、受害者处于什么样的状况的情况下，就会被性暴力的影响所波及。

为什么不帮助我呢？

我的父母都认为人要活得清廉，母亲一直尊敬走在自己前方的父亲。

母亲性格开朗，如果别人遇到什么困难，她是不会袖手旁观的。如果有人做不正当的事情，她也不会置之不理。无论对谁，只要自己觉得不对的，她都会直截了当地说出自己的意见。

比如，一位女性被一个男的踢着赶进一幢大楼里的时候，她就会阻止他说："你在干什么？我叫警察了！"如果下馆子的时候，听到老板对一名女店员说粗话的话，她会抗议道："我一个客人听了心里也很不舒服。她根本没必要被你这么说！"亲戚之间也是这样，如果听到外婆因为没有被好好照顾而发牢骚的话，她就会跑到她的大哥那里，让他好好反省，应该照顾好母亲，并且会把外婆带回家跟我们一起住。

我一直都在思考，为什么我没有向我的母亲诉说发生在我身上的事情呢?

我知道，母亲如果知道我遭受了性暴力，肯定不会原谅父亲，并且还会全力保护我。

但是，我当时说不出口。

可能是因为我当时筋疲力尽，也有可能是因为当时还是孩子的我有自己的顾虑吧。

他是她的伴侣，是她选择的、爱着的、要一起分享人生的人。

我虽然不知道父亲其实是性侵犯了我，但我能察觉到这件事会伤害到母亲。

性行为原本是父母之间才会进行的。

但父亲却选择了我作为他顺从自己、任由自己支配的对象。

而对于被操纵者来说，这是难以忍受的。

如果母亲知道我遍体鳞伤，那么她肯定会伤心的。

有很多遭受父亲性暴力的孩子不敢告诉母亲的例子。也有母亲从学校的老师和孩子朋友的家长那里听到后感到震惊，为什么孩子不把苦恼告诉自己，因此会对孩子大发雷霆的例子。

但是，孩子说不出口。因为孩子不想让母亲受伤，不想拆散家庭。

我也并不是有意识地思考它，只是内心有这种想法。

我不想伤害母亲。但同时，我感觉到愤怒。

为什么母亲没有察觉到，为什么不帮助我，为什么不保护我？

这么想着，我就会钻牛角尖。

因为母亲并不知道呀。如果知道了，她就会帮助我。

现在她知道了，也十分痛苦伤心，并且在全力支撑着我。

但是，如果是这样，为什么会发生这种事情？

这没有答案的问题一直充斥着我的内心。

找不到出口而呐喊的我，内心的愤怒和苦楚全部指向了这小小的疑惑。

存在于我内心中可怕的疑惑。

即使知道不可能，但是无论我怎么否定，那黑暗的疑惑却挥之不去。

我想问母亲："你真的不知道吗？你真的没察觉到吗？你是知道了，却袖手旁观吗？"

我也不可能问这些。

这个问题会毁了母亲的爱、我们之间的关系以及一切。

如果母亲说是的，那我该怎么办？面对仿佛掉入无底洞的恐怖，我瑟瑟发抖。

问出这个问题的瞬间，我就会落入洞中。

这是会让我失去一切的问题。

我一直都在努力地克制住，不去触碰它。

母亲也很受伤。

如果触碰这个问题，我的愤怒就会爆发。但是，我知道我不能对着母亲发火。

这个没有答案的问题让我的精力消磨殆尽，我将它封印了起来。

杀人的愤怒

我记得十分清楚。

三十二岁的时候，我一个人坐上公交，车子过桥时，我坐在车的左侧看着河流。

二十七岁的我绝望到想死，曾在这条河边来回彷徨。

那个时候的我怒火中烧，那股怒气便撒在了母亲身上。

为什么你没有保护我，为什么你没有帮助我，为什么让我遇到了这种事情？

如浪潮般涌上心头的杀意。

那是一种想要把所有事物都搞得天翻地覆的具有破坏性的冲动，并不是冷静地思考实施方法，而是仿佛从内心喷发出来的冲动。

受伤的疼痛、苦楚、恐惧，所有的感情喷涌而出，那种不想感受强大负面情感的排他情绪和迫使我去感受那种情感的荒谬愤怒，都被发泄在母亲身上。

我自己也惧怕这杀人的愤怒。

我并没有直接地做什么，但是每当母亲对我说些关心的话，我的内心总会冒出那种荒谬的愤怒：你明明没帮助过我，现在说什么关心我的话，摆出这种关心我的样子。为了不当着母亲的面说出这些话，我经常会跑出家门。

在咖啡店里冷静下来后我就会回家，但是时间久了，我就觉得别无他法，只能离开家。

这也是我决定去东京的一个大动机。

搬到东京一段时间后的一天晚上，母亲打电话来，问：“小润是讨厌跟妈妈一起住吗？”听到母亲像是失望的声音，我无言以对。

我也并不会说自己可能会杀了你这种话，只是用尽所有的力气说：“才没有呢！”

挂了电话后，我哭了。

为什么会变成这样？

为什么我要离开最重要、最珍爱我的人呢？

为什么我会想着要去伤害我爱的人呢？

我知道，搬家离开是正确的。

但是，为什么我只能这样过活呢？

难道我要一直这样吗？

我的心情仿佛落入黑暗的洞穴中，也好似进入了没有出口的隧道之中。

受害者的攻击性情绪经常会针对身边的人。

“有过外伤经历的人会将原本针对加害者的愤怒朝向对自己有善意的人（安全的人），这就叫作外伤性转移。”（齐藤学《被封印的呐喊》）

因为他们会关心自己，不会谴责自己。

当受害者再也无法克制自己的愤怒和痛苦时，这种焦虑的情绪会针对身边的人。本来双方应该相亲相爱，却变得水火不容。

但是，如果要自己忍耐下来的话，很多情况下会变成攻击自己，做出割腕等自残行为，依赖酒精、药物，做出危险的行为，抑郁……虽然有必要进行心理创伤治疗，但这也需要漫长的时间。

在此期间，受害者与身边人的关系也难免会遭到破坏，无法修复，会变得更加孤立。

我没有责备过母亲。

因为我知道如果母亲知道这件事情的话，她绝对不会原谅父亲。

因为我相信母亲的人品。

而且我也亲眼看到了，母亲也会受伤，会痛苦。

在与母亲谈论我受到伤害的事情时，她一定会哭。一想到让自己的女儿遭受那样的事情，她痛苦得脸都扭曲了。

“对不起……我说对不起也挽救不了什么了，但真的对不起。”

看着受罪恶感折磨的母亲，我说：“这又不是妈妈干的。”“没关系。”但我的语言却显得空虚无力。

其实怎么可能会没关系呢？只是即使我告诉母亲，她也弥补不了什么。

虽然想责备她，但我还是一直压制着这种感情。

即便如此，我的内心还是会浮现出那个问题。受伤的内心流出的血液沾染着愤怒，吞没了我，最终变成了杀意，喷涌而出。

通过和母亲保持物理距离，我一直在逃避那个问题。

身边的人也是受害者

我的受害给母亲产生了很大的影响。

关于那个时候的事情，妈妈是这样说的：

搬到关西后的一年半里，我心中充满无力感和空虚感，什么都做不了，只能哭。女儿说我那个时候郁郁寡欢。

看着河，看着天，我都会流下眼泪。

我至今到底做了些什么？我是怎么活到现在的？我根本没有保护好我最爱的女儿。

我满脑子只有这些想法。

这件事情如此严重，连我自己都无法接受。然而，我却没办法向任何人倾诉。

说出女儿的遭遇不仅会让我十分自责，我也担心女儿会受到更深的伤害。

就是在这种情况下，我说给了我的亲姐姐听。

她对我说："你到底做了什么！"

当时我心如刀绞，感觉自己被烙铁印出"没能保护女儿的无能母亲"的字样。

应该理解自己的人却不理解自己，这会加深人的绝望感。啊，原来谁都不会理解我。

那个时候，我有一个在九州的朋友，她是一位养育三个孩子的单身母亲，她告诉我自己十九岁的大儿子出事故去世了，我就连忙赶到了九州。

朋友说着自己儿子的名字，孤苦地说道："是我杀死了Y。"

多么沉重的话呀。

这位妈妈凭一己之力，疼爱养育着三个孩子，但最终发生了这样的事情。

朋友一直支持着濒临崩溃的我，我也感受到她作为母亲的悔恨、痛苦和苦恼。在她身边的短暂时间里，我尽可能地去安慰她，"好好保重自己，也希望周围的人能爱护你"。这样祈祷着，我踏上了回家的路。

她和我分别面对着自己的现实。虽然发生在我们身上的事情有些不同，但是那种失去的痛苦却恰似相同。

因为有了这次的相遇，我发现其实并非只有自己是痛苦的，我开始能够渐渐地走出自己的苦痛。

当我渐渐地回归平静时，女儿的内心却开始变得暴躁，虽然并没有到把怒气发泄到我身上的地步……

“什么时候回来呢？”

“如果回来晚的话，我去接你。”

“今天要带伞啊。”

即使是很无意的话，只要一关心她，好像就会让她感到焦虑。

我想女儿也没有发泄自己怒火的地方吧。

她内心暴躁的时候，就会变得坐立不安，我也慌得不知该如何是好。

本来只是想去体谅她的心情，结果反而让她更加焦虑。

总之我便不再说多余的话。

在那时，女儿跟我说：“妈妈你没有遇到过那种事情，所以根本不懂！”我感觉自己的头被狠狠地敲了一下。

（是啊，原来我根本不懂！）

之后，总有种想法浮现在我的脑海中：我也想了解，想为了女儿去了解，我不得不去了解。我只是想去了解。

那时，我不知道该用什么方法去了解什么，也不知道该如何寻求专家的帮助，更不知道该如何找到必要的信息，便摸索着找了些书。

通过不断的学习，我知道了性虐待是一个社会问题。它是社会系统将更高的地位和更多的资源赋予了男性而非女性所导致的结果。

而且，我还知道了，在日本社会中性虐待被忽视到了什么程度。比如，现在还存在把对儿童的性虐待当成“开玩笑”的情况。

“如果整个社会不努力去发现虐待儿童的行为并制止的话，那么就等同于默许加害者的行为。”（卡洛琳·M. 拜尔利《儿童受到性虐待的时候》）

当读到这句话的时候，我突然意识到了。

就连我，如果能说出来的话，我也想说……

但是即使说了，也得不到任何人的理解。不仅如此，还会遭到他人的指责，被大家用奇怪的目光看待。我当时是这么想的。

特别是来自身边的人的性虐待，就没有可以诉说的地方了。但，那是因为没有可以与社会沟通的地方。

如果社会知道性虐待这个大问题，并能够努力做工作支持解决的话，我就可以寻求帮助，让女儿摆脱痛苦，自己也可以去咨询该如何做了。

但是社会并没有做出这种尝试，被害者没有得到帮助，加害者也没有得到任何处罚。我真的感到非常愤懑，痛苦。

我急切地想要改变这个社会制度以及社会观念，也必须要去改变。

开始读书后，我与女儿交谈发生在我们身上的事情的机会也渐渐多了起来。这个时候的到来，让我等了近十年。

在这期间，我拿到了护理证书，逐渐开始工作。我告诉自己，不管发生任何事情，都要好好生活。现在的我能为女儿做的，就是做好吃的饭菜，做美味的饭盒，然后一起享用，还有晒好棉被，铺好温暖的被窝。我希望她能在这基本的生活中得到安心和安全。

女儿开始打工，在护理学校、保健学校学习，毕业后一边做护士，一边在东京学习。从那个时候开始，她对未来有了大致的方向。

她热情高涨地讲着国外的护士制度，说自己不想做一般的护士，想要努力去理解心灵受到伤害的人们。

一点一点地学习，让我与女儿能够面对面谈论性虐待的机会也越来越多，女儿也想要学习更加专业的知识，于是去了东京。

我发生巨大改变的另一个契机就是经常来家里玩的女儿的好朋友——美智子的一句话。

她来家里玩，我们三人开心地说话时，女儿突然生气地说自己受到伤害的事。她说的跟我们方才所谈论的话题完全不同，非常突然，但是美智子却一直平静地听着女儿的话，跟女儿一起分享那个话题。

在那之后，她温柔地握着我的手，说："阿姨，您也辛苦了！"

她的手柔软又温柔。

那个时候，内心中被我封锁的，那些让我痛不欲生也难以抑制的憎恨、愤怒、悲伤、痛苦，仅仅是因为她的一句话便消逝了。

在我家中发生的亲生父亲对女儿的性虐待，我一直以为不会被他人所理解，有的只可能是来自其他人的指责，不会有人理解我的处境。

但竟然有人想着我也很辛苦。

那是一个背负伤痕的人得到尊重的瞬间。

这是多么美好的相遇。

孩子受到了性暴力的同时，母亲是二次受害者，也是间接受害者。

我能有这种想法也是因为我读了这篇文章。

“尽管母亲也承受了巨大的负担，但是对这方面的理解却不到位。虽然母亲在治疗现场是理所应当的，但是经常会出现无视母亲存在的情况。因为一般认为母亲做出自我牺牲也是理所当然的，所以受到创伤的母亲很少被作为一个个体而受到关注。但是实际上基本没有因为自我牺牲而使得事态好转的例子。”（卡洛琳·M. 拜尔利《儿童受到性虐待的时候》）

我当时觉得真是一语中的。如果抱着只要忍耐事情会变好的想法，就不会看清问题的本质。即使内心很自责，即使受到他人的指责，也不能被埋没于此。为了完成自己作为母亲的职责，我们需要承认自己是受害者，去治疗自己的创伤。解决性暴力的影响绝不是单靠一个家庭就能够完成的，需要多方的支援。

我不禁想起了其他同我一样受伤的母亲。

我希望通过自己的经历，分享自己的伤痛，然后互相了解彼此的感受。我对女儿说：“如果有这种组织，如果有自助小组的话就好了。”

过了很长时间，到了2014年1月，母亲为那些孩子遭受到性暴力的母亲们成立了自助小组“向日葵之会”。

我一直认为母亲们很需要这种自助小组。我邀请了做心理咨询师的朋友，得到了他的同意，然后对母亲说：“开始吧！”母亲也点头赞成。

自助小组每个月活动一次，会有一两个孩子受到性暴力的母亲来参加。她们在超乎想象的噩梦中保护着孩子，面对发生过的每一件事，与困难的处境相斗争。母亲说，与这些讲述自己故事的母亲们在一起时，她也一直在收获勇气和感动。

如果母亲能够恢复活力，那么最终孩子也会恢复活力。

但实际上，要让母子之间能够互相理解，能够互相原谅，这需要漫长的时间。

母亲的回答

有句话说，提出的问题一定要找到答案。

九年后，我的答案终于找到了。

契机是“向日葵之会”。成立后没多久，母亲和心理咨询师成为小组运营的核心。但是一年后，心理咨询师因为日程安排的原因无法继续加入，于是在其他母亲的帮助下，“向日葵之会”开始以当事人为中心来运营。

但是，过了半年左右，开始出现了很多问题。

孩子受到性暴力会带来很大的混乱和伤害。对于参加的母亲以及她们咨询的有关孩子的状况，很多情况下需要专业的支援。

这不仅仅是精神上的帮助，还包括与警察、检察院和法院的司法手续上的参与以及由此造成的创伤。除此之外，还有母亲和遭受伤害的孩子与其他家人之间的关系。母亲们需要承受很多负担，比如为躲避加害者进行的搬家、转校、转职等手续和资金筹措等。

因为我们这里是自助小组，所以只要当事人们能有互相诉说、互相分享自己心情的时间就可以了，但仅仅这样还是有许多不能解决的问题。

母亲也郁积了太多情绪，开始打电话给我诉说小组运营的诸多混乱和不满。听着母亲说“我干不下去了”“我不想做了”，我也感到怒上心头。

我希望母亲能继续维持“向日葵之会”。当然我觉得这是有意义也有必要的，同时我还希望母亲能治愈伤痕，跟我好好交流。我想，我说出来的话母亲一定会听，但是，我害怕伤害到母亲。而假使母亲受伤了，只要“向日葵之会”还在，就能够支撑她。这样虽然有些自私，却是我真实的想法。

那被我封印的问题，还萦绕在我心头。

“向日葵之会”成立快两年时，我一直思考着“向日葵之会”的问题。我觉得是时候该说出来了，就打电话给母亲。

我吸了一口气，开口说道：“我想讲讲‘向日葵之会’的事情，原本，成立这个小组是因为那个人对我进行了性暴力对吧。”

“嗯……是的。”

“您也说过需要一个能够分享创伤的地方吧。那的确很重要，但我想成立这个小组，是因为我希望妈妈能好好想想为什么会发生这种事情，我想跟妈妈好好谈谈。”

“嗯。”

“我一直都在想，一直都想问……为什么，为什么您当时没有阻止那个人，为什么您能够允许那个人做那种事情？”

话说到一半，我就泪流满面。

我想这对母亲来说也是个令人痛苦的问题。

在我说之前，其实心里已经知道答案了。

所以我们一起都在互相支持着彼此，走到现在。

但是，如果不说出来，这件事就永远不会结束。

母亲哽咽着说道："妈妈要是知道了的话，早就制止他了呀……"

"……嗯，也是……"

当时，我们一起哭了出来。

我感到，被没有答案的问题所束缚的心终于得到释放了。

我们互相说了一句谢谢，便挂了电话。

不可思议的是，我感受到了满满的充实感。

我想，啊，终于结束了，终于解放了。

愤怒是用来向加害者发泄的。

但是，加害者是让我沦落到如此地步的罪魁祸首，所以我一直感到害怕，不敢面对他。

受伤之后，我将痛苦、愤怒、憎恨都指向了母亲。这些感情汇成了一个问题："为什么不去阻止那个人？"

我一直都在压抑、克制这个疑惑，但是终于结束了。

于是我终于能够抱住那个幼小的自己，告诉她："太好了，妈妈那个时候是爱你的哟，你不是一个被人抛弃的孩子，也不是一个被用来牺牲的孩子。如果妈妈知道了，肯定会好好保护你的。”

感到自己被整个世界抛弃了的小孩，就这样松开紧缩僵硬的身体，回馈我一个拥抱。

我由衷地感到了安心：我是值得被爱，也值得被珍视的。

后续

“向日葵之会”现在已经脱离了我和母亲之手，由临床心理医师等构成的专门小组“一般社团法人 mofumofunet”接管并继续运营，母亲也每个月去参加一次交流会。

回顾过往，我觉得如果母亲能够参加像“向日葵之会”一样的由母亲们组成的自助小组，或者即使没有自助小组，母亲如果接受治疗，治愈自己的伤痛的话，那么我就能更早地跟母亲分享自己的疑惑。

在母亲也受伤的时候，我无法坦然地告诉她我的心情。

因为，年幼的我所受的伤与母亲的伤是不一样的。

即使我能想象出母亲的另一半实施暴力给她带来的痛苦和空虚感，但实际上我并不能理解。同样，母亲也很难理解我心理创伤症状的感觉。

正因为如此，我才觉得，与自己立场相同的人一起分享心情是多么的重要。但必须要有专门针对受害者的、孩子的以及母亲的小组。

当然，对于不是加害者的父亲、其他的家人或是伴侣等身边的人来说，也是必要的。

重要的是，非加害者不被指责，能够得到支持。

如果身边的人得到了支持，那么受害者也会得到支持。我认为，正因为有了这种支持，才能够一起克服复杂的性暴力的影响。

心灵的重逢

2016 年的夏天，我和母亲坐上了沿河行驶的电车，一起前往关西的一座城市。这条流向河原的河水，就是十五年前曾经想自杀的我来回彷徨的地方。

前一晚，我让妈妈读了这本书的原稿。

我侧目望着绿色的河水滔滔地流淌着，母亲突然握住了我的手。

“我们已经是普通的母女了吗？”

可能是我看错了，母亲双眼湿润。

那一瞬间，我明白了。每次与母亲相接触时，我所感受到的焦虑绝不是来自我们的关系。

使受害者回忆性暴力的东西都叫触发器。触发器遍布生活中的所有事物，与加害者相似的人或是性暴力的新闻都有可能成为触发器。

对于我来说，母亲就是那个触发器。

每次接触母亲时，我就会回想起自己被性暴力的感觉，就会变得焦虑、坐立不安、感到不适。我曾经因此而烦恼，以为是我跟母亲的关系不和，其实并不是。

我与母亲之间，横贯着父亲所施加的性暴力。

它就像一堵由混凝土筑成的又高又厚的墙一样。我和母亲分别站在墙的两端，花费了漫长的时间从自己这边开始，一点一点地拆除了这堵墙。

二十一年前，母亲的头发乌黑，但现在夹杂着一些白色的头发，脸上也被刻上了深深的皱纹。因为干庭院的活，母亲被晒得黝黑，双手上长出了色斑。

二十一年后，我把我的手放在她的手上。

“妈妈，我们是很特别的母女呀！”

母亲看着我的眼睛，微笑道：“嗯，真的呢！”

母亲和我含泪而笑。电车轻快地行驶在宽敞的河水边。

性暴力受害者生存指南⑤

为什么难被理解？身边人的痛苦和必要的支持

性暴力的影响不仅存在于受害者身上，还会扩散并打击到家人、身边的人、地区和社会。

性暴力的影响是如此之大。

作为受害者，当你向身边的人袒露自己的经历时，可能他们并不会做出你所期待的回应。

为什么他们不能理解呢？

我们来看一些常见的错误应对。

本指南将为受害者身边的人提供帮助。

性暴力的常见错误回应

·否定——怎么可能，身边怎么可能发生这种事情？

“那个人肯定不会”“你还是孩子，所以没关系”

·容忍——才这样就生气也太夸张了吧！

“他也没什么恶意”“你年纪也不小了”“也要考虑加害者的未来”

·最小化——但是，你看着也挺精神的，没关系吧？

“他看着很普通啊”“男人没那么可怕”

·回避——本人不想说，让他说也很可怜。

“让他把痛苦的事情讲出来好可怜”“最好还是忘记吧”

·偏见——自作自受，本人喜欢才这么做。

“肯定是你勾引他的吧”“我看你生性放荡”

（mofumofunet 专业研修资料）

家人或者身边的人如果作出这样的回答，受害者一定会遭受打击。得不到最希望理解自己的人的理解是十分痛苦的。

为什么会出现这样过分的反应呢？

因为完全不知道该怎么解决，因为自身没有过痛苦的经历，或者因为这让对方回想起自己所经历过的暴力等。

有时也是因为盲目地相信广为流传、被世人错误深信的强奸神话。

强奸神话是指为一般人所相信的、错误的态度或者想法。

·【神话】因为穿着挑逗的服装或者做出挑逗的行动。

【事实】加害者反而把目光瞄准到穿着朴素“看着老实不会去报案”的人身上。

·【神话】强奸的加害者基本上都是陌生人。

【事实】五成至七成的加害者是熟人。

· **【神话】大多数强奸基本都是冲动行为。**

【事实】许多强奸是有计划的。加害者会跟踪受害者，或事前寻找难被发现的地方。

· **【神话】应该立即报警、咨询。**

【事实】大多数强奸案并没有报警。有向警方通报的案例，但是有没有通报并不会改变强奸的事实。

*** 家人和身边的人是“间接受害者”**

性暴力会让家人和身边的人受到伤害、打击，感受到悲伤、无力感，并对加害者产生愤怒之情。如果加害者是身边的人，那么也会感受到被背叛的痛苦和愤怒。

家人和身边的人都是间接受害者。

但是如果采取否认或否定的态度，会产生让受害者的症状恶化的二次伤害。

家人和身边的人需要理解以下事项：

· **理解性暴力（心理创伤）**

①性暴力与情趣游戏、获得同意的性行为不同。

②因为性暴力产生于双方的实力差距，所以受害者很难逃避。

· **性暴力对身心的影响及对策**

①因为心灵也会受到伤害，所以出现各种症状是自然现象。

②正确处理能够减轻症状。【心理创伤（内心的伤口）并不会

随着时间的推移而好转，是需要创伤治疗的。我们要理解，内心深处伤痕的治愈与时间是没有关系的。】

（mofumofunet 专业研修资料）

性暴力会伤害家人和身边的人。

而且，对受害者的治疗和关爱，对其他家人的关爱和生活方面的照顾，与司法机构的往来和调查，都会打乱日常生活的安定。

身边的人也需要关爱和支持。

因此需要接受来自受害者支援中心和福利事务所等的生活援助。

在像“向日葵之会”一样的自助小组里，与其他跟自己有相同立场的人互相分享经历是很重要的。

*** 不能向受害者、幸存者说的话**

·“怎么可能，不敢相信！”

这会让受害者感到自己被说“你是骗子”。

·“为什么那个人会对你做出这种事情？难道不是因为你做了些什么吗？”

这会让受害者感觉性暴力的责任在自己身上。

·“忘记这件事吧，人要向前走。”

人不可能立刻从性暴力的阴影中走出来并向前走。

·“我了解你的心情。”

如果你没有被性暴力的话，是不知道受害者的感受的。

· **“好可怜。”**

也有人最讨厌被同情。

· **“对你做出那种事情的人不能被原谅。”**

受害者正在自责，其他人如果责备加害者的话，受害者反而会说“错在我”去袒护加害者，平息说话人的怒气。

如果加害者是家人的话，受害者有时也会感觉自己受到了责备。

· **“你是不是误会了？”**

受害者是在反复思考自己是不是误解了所发生的事情后，最终才决定向你袒露心声的。

*** 能向受害者、幸存者说的话**

· **“我相信你说的话。”**

要说出自己被性暴力是需要很大的勇气的。这是应该说给受害者听的最重要的话。

· **“这不是你的错。”**

受到暴力的人正在自责那是自己的错。但是受害者完全没有性暴力的责任。

· **“你不是一个人，你不是个怪人。”**

遭受性暴力后，出现症状是当然的。受害者是完全正常的人，并没有变得不正常。

（mofumofunet 专业研修资料）

受害者可能会想："只有我遭到了这种暴力。"

绝不是这样，我们要告诉受害者，有很多人有遭受性暴力的经历，你有很多能够称得上是伙伴的人，无论在什么时候，性暴力的责任都在加害者。

第六章 加害者的内心

我一直在想，父亲所做的事情为什么能伤我到如此地步，让我痛苦，对我的人生造成了巨大的影响。

在难以入睡的夜晚，遭受暴力的记忆让我痛苦不堪，我一面在内心备受煎熬，一面质问着实际上已经不会再见面的父亲。

为什么对我做出了那种事情?

我难道不是你的女儿吗?

我难道不值得被爱吗?

你对我做了些什么?

这些质问并没有得到回答，我继续独自探寻着。

这一章我想写一些我个人有关性暴力加害所得出的答案。

我想，也有人会觉得去思考、阅读这一篇关于加害的内容很痛苦。请不要勉强自己，你可以跳过本章。我希望读者能够重视自己身心的反应。

非常重要的一点是，无论在什么时候，性暴力的责任都在加害者身上。加害者会选择自己不会受到指责的人和情况，然后实施性暴力。选择了为达到自己的目的而实施性暴力这一选项的是加害者。

性暴力的责任在加害者身上。不仅受害者和其身边的人，加害者和所有的人都应该认识到这一点。

性的经验

从 2006 年开始，我开始学习有关性暴力的影响、心理创伤的实际情况以及为此所需要的支援等知识。

性暴力的影响非常大，五成到六成的强奸受害者很大概率会患上 PTSD(创伤后应激障碍)、抑郁症、睡眠障碍、饮食障碍等精神疾病，也会渐渐出现慢性头痛、腹痛等疼痛问题。美国的一项统计显示，遭受过性暴力的人自杀概率是没遭受过性暴力的人的十倍。即使活下来，性暴力也会对其周遭的人际关系带来巨大的负面影响，受害者的人生会变得非常困难。

而且，我还了解到：由于受害者无法去学校完成学业或继续工作，这导致他们无法得到应得的薪资，无力支付接受治疗所需的医药费，或是无法缴纳本应缴纳的税金，等等。这一切负担最终不是由加害者，而是由受害者与社会来承担。

性暴力的责任不在受害者身上，而在加害者身上。

但是在日本，仍然会有很多人的言行仿佛在说受害者也是有责任的。

“为什么你在那个时候会出现在那里？”“为什么你不多抵抗？”“为什么你不躲呢？”

我了解到：大家会有这样的观念，其原因之一要归结于一百年前制定的日本刑法。

明治时代没有心理创伤和PTSD的概念，人们也完全不知道性暴力受害者会陷入何种情况。这种时代下的认知一直延续着，法院在很多情况下会认为，如果没有“十分难以抵抗的施暴胁迫”则不构成强奸罪。

这种认识并未考虑到受害者的恐惧和冷冻（freeze）等状态。受害者害怕如果抵抗就会被加害者杀害，身体被恐惧支配而无法动弹，只能选择忍耐并祈祷快点结束，而这却会被指责为“你本来可以反抗的”“明明能够去找人帮助的”。

如果不拼命反抗的话就不构成强奸罪。那制定法律的意义是什么，在保护什么呢？加害者欺骗他人，利用对自己有利的立场实施性暴力，却不必受到指责。相反地，受害者却被谴责只顾保命而没有守住贞操。

这其中，明治时代具有权威性的贞操概念影响颇深。为了生出家族纯正血统的孩子，贞操是由父亲交接给丈夫的。正因为没有拼命保护好受托付的贞操，所以受害者会遭到严厉批判。

所以，司法制度根本不包容性暴力受害者。现在，虽然警察的调查询问有了改善，但在不久前，就有警察对受害者说：“你本来也不是处女，反应太夸张了。”（板谷利加子《亲启》）

现在就算去举报受到性暴力，要定义为强奸罪的难度还是很高的，所以会有受害者被认定为“并未遭受到性暴力”。在法庭上，也有一些加害者的律师会曝出隐私，提出一些批评受害者人格的问题。有些受害者往往无法忍受这些问题，更有甚者，还会被检察官提出更加严厉的问题。

旁听席还会坐着喜欢旁听性犯罪审理的男性，最可怕的是，要面对自己所恐惧的对象，在自己最不想见的加害者面前提出证词。在一些情况下，法院也允许用屏风进行遮蔽，或者在别的房间通过电视机屏幕提供视频供词。

因为难度高，所以很多受害者都不能起诉，加害者也不会被告到法院，最后得以逍遥法外。

所以，即使每天发生性骚扰，也没有采取有效的对策，家暴和情侣间发生的暴力中，如果出现强奸行为也不会被认定为强奸，身边的人还会对受害者说：“忘了吧。”“说了也不会对你有什么好处，还是不要说吧。”而且，沉默会让受害者的症状更加恶化，加害者还会不断地去伤害。

只是，即使学习了性暴力，我还是不知道性暴力加害是什么，不知道父亲对我做了什么。

在这种情况下，2014 年 2 月份时有了一次相遇。

我的母亲去看了一部叫作《对话：打破沉默的女人们》的纪录片，这部电影直击一个业余剧团，在里面的是曾经受刑或是得 HIV 阳性的女性们，她们用戏剧的形式来表达自己的遭遇。结束后去吃饭时，母亲遇到了大阪大学研究加害者临床的藤冈淳子教授一行人。

加害者临床是指包括针对有严重不良行为或犯罪等加害行为的人的治疗教育在内的临床。

这次偶然的相遇，母亲知道了藤冈教授从 2014 年开始举办研修会，于是我也去参加了在大阪开始的研修。

学习中，我被藤冈教授所著书中的一句话吸引了。

“性暴力，与其说是因性欲而引起的，不如说是为了将攻击、支配、优越、男性的性炫耀、接触、依赖等各种欲望通过性这种手段和行为来满足自私的自己”，从而将受害者当作“物品”来对待。（藤冈淳子《性暴力的理解和治疗教育》）

原来如此。

知道了这个定义后，我理解了自己那时是“被当作物品对待”的。

我也是人，虽然我是个孩子，但也有梦想、希望、意识。但这些都被无视，我被当作物品来对待。

即使我有一百个不情愿，浑身僵硬地表示拒绝，在心中呼喊着谁能来救我，但对方还是毫不理会地继续自己的暴行。

仿佛我根本不存在一样。

只有我的身体被触摸、被蹂躏、被打开、被侵入。

这些行为践踏、扭曲、扰乱我的意志。

在这段经历中，我的希望、思绪、感情被无视。

如果没有意识的话，那就是物品吧。

我被当作一个没有自身意识的东西来对待，在这个过程中，我也失去了我自己。

但，我是一个人。

被对方为所欲为地对待，自己变得支离破碎，怎么会不憎恨对方？

我对他恨之入骨。但即使如此，对于那个让我变得支离破碎，让我感到无力的人，我更多的是觉得恐惧。

患解离症没有感觉的时候，心灵的创伤和苦痛、泪水与恐惧、憎恨、除之而后快的怒火、万念俱灰的心情，这些情感一直横亘在我的心中。

二十一岁离开后的十多年间，我都没能面对父亲，没能面对他所做的事情。

父亲也是受害者

父亲在乡下长大。

我的祖父在外占地[①]教书，父亲也在那里出生。在小的时候，父亲的亲生母亲就去世了。祖父娶了继室后就离开了外占地，并且给父亲生了弟弟和妹妹。

听说父亲一直被继母和后来出生的弟弟妹妹欺负、戏弄。

比如被指责筷子拿不好，强迫他照看小孩，然后斥责他。还一直骂他是个笨小孩。

据说，他好几次哭着跑去祖父工作的学校，但是祖父没有搭理他。

而且还发生了这样的事情。

父亲上小学的时候，祖父在家里养了一条狗。被家人伤透心的父亲非常疼爱这只狗。

但是，有一天父亲回到家，看到自己的父亲跟他的同事在家里聚餐。父亲心爱的狗竟然被杀了下锅，成了他们的盘中餐。

父亲当时受到了多么大的打击呀！

---

①外占地：在日本指除北海道、本州、四国、九州等固有的领土以外，日本于第二次世界大战以前占领的地区。

但是父亲说自己也很无奈，他就这样封闭了自己的感情。

亲生母亲去世，被继母欺负，自己的父亲不保护自己，爱犬被吃，在家中也没有立足之处。在这样的环境下，父亲是如何成长的呢？我不得而知。

在这样的家庭环境下，父亲从大学毕业，之后去了关东，遇到了母亲。

性暴力是“关系的疾病”

我想，父亲的人性并没有成长。

他擅长忽悠人，却不能为自己的行为负责。

在关店的时候，他把所有的事情都推给母亲然后去向不明。实际上在母亲把店关了之后，父亲寄了封信向她哭诉。

他经常将自己想做的事情摆在第一位，有不如愿的事情就会把责任转嫁给其他人。

关店之后，他在寄给母亲的信中写道：“你（指我母亲）很懂事，所以我知道你不会那么做的。一定是你妹妹教唆你这么干的对吧？”因为他任性地跑到了别处，所以我们不得不把店处理了。这些事情好像超出了他的理解范围。

否认事态、撒谎，假装不懂，深信只要去期望，就会万事如意的超级乐观主义，以及不考虑自己行为的后果。

据说，这些行为都是加害者身上常见的特征。这种思考的错误也被称为“防卫机制”。

只要“接受‘自己是有问题的’，承认自己需要帮助，努力去克服防卫，就会发生可观的变化”。（藤冈淳子《性暴力的理解和治疗教育》）但是，父亲并没有过这样的机会。

同时，在关于性犯罪的研修中，我学习到了下面的知识。

性犯罪并非仅仅基于性欲而产生，它是一个涉及支配和力量的问题，是对女性和性的价值观扭曲以及与他人之间的关系中的认知错误所产生的行为。

同时，“加害者追求的并非性欲的满足，更多的是优越感和支配感、接触的欲望，更甚者是希望得到尊敬和爱的欲望”。（同书）

性暴力是“关系的疾病”。

你对我做了什么？

在学习性暴力犯罪的过程中，对于最初的疑问，我找到了自己的答案。

·为什么你对我做那种事情？

我曾经读过对亲生女儿施加性暴力的故事。

女儿出生的时候，“终于找到一个能够纯粹地爱我，无论是怎样的我，她都会觉得我很棒的人”。（辛西娅·L. 马瑟、K.E. 德拜《想告诉你的事情》）这类加害者会认为“如果是女儿，就不会否定自己，会接受自己”。

“使用性暴力这种手段的人，即使在旁人来看是冷酷无情的犯罪，或是只能被看作‘变态扭曲’的感情、思维，但无论本人是否察觉到，（性暴力的对象为女性的情况下），他们在内心某处都会有对女性的撒娇、依赖以及接触的欲求。”（藤冈淳子《性暴力的理解和治疗教育》）

看到这句话的时候，我觉得不可思议，也可以理解。或许是因为这种希望能满足未被满足的东西的单方面欲望让我想到了父亲。藤冈教授也说过：“性加害者是想依附于受害者的。”

不抗拒自己，能够接受自己的人。女儿是最佳人选。

但是，我不是女神，也并非救世主，我只是一个需要被保护需要被呵护的孩子。

父亲得到了什么？

一个不否定自己，接受自己的女儿。

为了满足自己的某种需求而进行的单方面的慰藉、利用、掠夺。

那不过是被强迫接受的单方面的慰藉。

我认为，父母是一种将孩子作为疼爱、保护、照顾的对象，然后培养孩子长大成人并独立生活的角色。

我是性的慰藉，这一点我完全可以想明白。

・我不是你的女儿吗？

既然他把我当作一种慰藉，那么我对于他来说就不是女儿了。

他是一个没能成为父亲的人。

是造就了一半的我的人。但是，创造出契机让我来到这个人世和履行作为父亲的职责并非一回事。

作为代名词，我叫他爸爸，但我无法认可他是我的父亲。

·我不值得被爱吗?

我觉得父亲是不懂爱的人。

在我们家里，父亲很厉害，什么都懂，是最棒的。虽然在内心的一个小角落里，我觉得，不可能是这样的，但我还是接受了这样的设定。如果不这么做的话，我就无法维持我们的关系继续生活。

那个通晓所有事情的父亲却说出了莫名其妙的话，什么事情都没办理妥当就出走了，这让我感到混乱。

我忙于准备搬家，打理关店事宜，就在我一边想着为什么会变成这样，一边走在回家路上的时候。

望着澄澈湛蓝的天空，我想：“啊，原来父亲其实是个很无能的人啊！”

他是没有爱人的能力的吧。

所以在这个关系中，他不能认识并完成自己的职责。

如果说，盼望彼此好的行为是爱的话，那么父亲一直以来的行动都只考虑自己。

我想他是通过一些手段来麻痹心灵，一直保持着这种停滞的状态，掩饰自己，欺骗周围，说些体面的话来粉饰自己活到现在的吧。

性暴力开始的时候，我还是个十三岁的孩子。孩子会在比自己更伟岸的父母的世界中去生活。跟父母在一起的世界，就是孩子的全部。

因为父母会爱自己、保护自己，所以孩子才能够安心地生活在那个世界中。

但是，在被父母的想法所控制的经历和无法反抗违背自己意愿的言行的经历中，体会到身体遭到蹂躏般的痛苦后，当这种情况无法改变时，孩子就不得不认为一切问题都在自己身上，是自己不对。

所以我当时就在想，是不是我不值得被爱，是不是我做错了？

但现在我明白了，并非我不值得被爱，而是父亲是一个不懂得爱他人的人。

你对我做了什么？

想死、解离、麻痹、怒火、失去重要东西的感觉，虽说有各种各样的感情，但我现在觉得，性暴力的核心就是使你无力。

遭受性暴力，就是比自己力量大很多的加害者不顾自己的意志、感情等，肆意妄为地对待自己。

就好像自己根本不存在一样。

仿佛是从上空落下的炸弹将大地烧成灰烬的经历。

如同飞机丢下炸弹后就飞向遥远的彼方，而被炸裂的大地伤痕却无法痊愈一样，加害者的影响就留在了那里。

就像《魔戒》里索伦的眼睛一样，我一直能够感受到来自天际那端劈开黑暗监视自己的加害者的目光。

被迫屈服的经历如此之痛。

而怒火和恨意也在痛苦逃窜的心中涌出。

为什么是我？

为什么会遇到这种事情？

理解性暴力加害

愤怒也会转移到毫无关系的他人身上。

在性行为失控的时候，我也这样想过：反正，只要是女的，你是不是谁都可以？你们这些为做这种事情不顾死活的傻瓜！男人都去死！

在克制不住自己想做爱时，我有的不仅仅是性欲，鄙视对方，蔑视那些蠢男人只是根棒子的欲求更大。

我有时也会想，这种因为愤慨、绝望和恐怖而变得内心阴暗的感觉和加害者的心情是很像的。

通过藐视对方来保全自己。如果连这都做不到的话，像我这样的人还有什么价值？受到迫害，变得支离破碎，成为大家怜悯的对象，如果是被利用、被伤害，那倒不如站在比对方更高的位置上去鄙视对方。至少，这样就不会被自己最痛苦的事情——受到性暴力伤害——再次伤害到。

性暴力施暴者中，有不少在孩提时期就遭到虐待。既有遭受身体虐待的，也有遭受性虐待的，更有遭受其他各种虐待的。

知道了这些，学习了性暴力施暴，这帮助我去了解父亲所做的事情。

性暴力施暴者有很多种类，父亲绝不是特别暴力的人。

而且因为母亲是品行端正的人，所以父亲也只能摸摸我的身体，我想他也很清楚，如果做出更过分的事情母亲是绝对不会原谅他的。

《父亲——女儿：近亲强奸》这本书中就写道：“作为保护孩子的人，母亲的力量的重要性越来越明显。”（朱迪斯·刘

易斯·赫尔曼著《父亲——女儿：近亲强奸》）

父亲只能依赖母亲的能力，虽然他会做出轻视母亲的言行，但如果超过某种程度，母亲就不会原谅他。而且，构建与他人的关系，能够履行社会性职责的也是母亲。

这种状况保护了我，使我免遭更严重的虐待。

实际上，跟曾在监狱中接受过治疗教育的犯人的对话也给了我很大的影响。

这些出狱的犯人虽不是性犯罪者，但是与这些有血有肉的人接触，听了他们的创伤、丧失、痛苦，一直憎恨着加害者的我渐渐地也变得不那么敏感了。

在那之前，我曾认真地想着：要阉割那些有过性犯罪的男人（因为把他们留在地球上太可怕了），然后把他们流放到宇宙中别的星球去。

但是，这个社会上也有女性性加害者。而且，人类的性不只是男与女。我渐渐认识到，这种单方面的极端观念是不可取的。

现在当然没有流放宇宙的系统，性犯罪的加害者们被判有罪，然后关进监狱里，但他们迟早要回到社会中来。我现在觉得：重要的是在那个时候，他们能变成不会再实施性暴力的人。

看不到出口的隧道

与父亲告别后过了二十多年，最近，我得知父亲已经去世了。即使知道父亲去世了，我仍然像是被麻痹了一样，什么感觉都没有。

我也不觉得，随着父亲的去世，一切都会结束。

那是 2015 年的秋天。

夜里，伴随着一股仿佛心脏被揪住般的恐怖感，我一跃而起。

一瞬间，我有点儿混乱，不知道自己在哪里。

我用了好一会儿，才意识到是在自己家里。

心脏如警钟般怦怦直跳。

时隔很久后，被梦中久远的闪回侵袭。

据说，一般的梦是用来整理信息的，而梦中的闪回则是感觉的再现。

记忆被解冻，生动而鲜明地，仿佛用录像带重现般，带着气味与触觉等感觉，让我一口气从头到尾重新体验了心理创伤的全过程。

虽然我不记得噩梦的内容，但却有种剧烈的冲击感，那种感触如此生动，仿佛就在刚才，我的身体又被摸过了一般。即便到了现在，梦依然有着伤害我的力量。

父亲已经不在这个世上了。

即使明白父亲已经去世了，但我还是会被闪回侵扰吗？

我被击垮了。

那已经不是现实中父亲的身影了，而是作为恐怖之神被刻印在我身体中的性暴力加害者。

眼泪静静地从脸颊上流下来。加害者已经不在这个世上了。尽管如此，以后我还会做这样的梦。一想到这里，我就很害怕。

在黑暗中，我哭泣着。但我还是擦掉眼泪，在桌前坐下。

我打开灯，取出了日记本。我呼了一口气。

然后记下了心中涌现的想法。

我们的道路并不容易。

也非短途。

在伸手不见五指的黑暗中，一步一步，

向前走。

每每被击倒，

都会变得满身泥巴。
在无边无际的黑暗中，
在看不到出口的隧道中，
来回匍匐，
然后被击垮，
看不见一束光。

即使这样，
无论被击垮多少次，
我们都会重新爬起来。
前方可以看到的顶端，
是只有我们才能抵达的灵魂之巅。

我一边写着，一边泪流满面。

擦掉眼泪，合上日记本，我钻到发出安详的呼吸声的丈夫旁边。我紧贴着丈夫壮实的身体，抱住了他。

他是安全的，现在的我并没有遭到伤害。

我这样告诉着自己，然后再次入睡。

已不需要“你”

“你父亲有自恋型人格障碍吧？”

治疗师的这句话惊人地将散落在我内心小屋中与父亲的记忆自然地收纳起来。就好像是晃一下魔法手杖，散落的记忆碎片在空中飞舞着，然后“唰”地一下就被收进了抽屉中。

自恋型人格障碍是指无法爱自己本来的样子，深信自己必须成为非常优秀、闪亮、独特、伟大的人，并不存在真实的自己的人格障碍。

父亲一直都在主张，只有自己才是看透世间万物的优秀者。

父亲相貌英俊，身材高挑而修长，他表面上也可以和别人友善地交谈，但背地里却会毫不在乎地贬低对方。

这样啊，原来如此。

明明对我没有爱，却会摸我的身体。他利用了我，也伤害着我。把他的行为想成是自恋的话，一切就都说得通了。

有了这个认识后，我才能够这样想。

（我的心里已不需要你）

我知道，作为恐怖之神君临而下的加害者的父亲已经变得渺小，逐渐消逝。

余下来的，是一个与我有血肉联系的父亲。

那是一个渺小、真实的父亲的样子。

性暴力受害者生存指南⑥

为什么会做那种事情？
面对性暴力加害者

为什么会做那种事情？为什么是我？

我一直觉得，能回答我疑问的，只有加害者。

可是，加害者是没有答案的。

学习了性暴力加害后，我明白了，“软弱与不成熟”是性加害行为的要素。

他们会用“（受害者）并没有不愿意”“又没要他的性命”等理由来使自己的性加害行为正当化，为了发泄自己的无力感与自卑感而实施性暴力。

我认为，为了思考自己身上所发生的事情而去理解性暴力加害，可以帮助到受害者。

面对性暴力

当面对自己所遭受的性暴力时，并不一定要与实际的加害者面对面。或许有时，你会觉得恐惧，认为自己办不到。你不需要勉强自己。我也是经历了很长时间，在自己有了力量后才下定决心去面对自己身上所发生的事情，而在这之前内心的纠葛对于整理好内心向前迈进，也是有必要的。

＊了解性暴力

世上有关性加害者的书中有各种各样的信息。

通过掌握这些信息，找到“为什么？”这个问题的答案，有助于整理好自己的内心。但请不要忘记，**无论何时，性暴力的责任都在加害者一方，任何理由都不能成为借口。**

＊在治疗中面对

在治疗时，可以在特殊的空间里，将椅子比作加害者，或是放一些象征加害者的东西，与治疗师一起进行角色扮演以面对加害者。在这个过程中，或许可以向加害者表达自己的想法。

＊写信

如果你已经做好了充足的准备，也可以采取写信的方法。不需要实际寄出去，在信中表达自己的心情是很重要的。

但如果要寄出去的话，就需要考虑各种各样的风险。

接触加害者有时可能很危险。或许家人以及周围人也会有负面的反应。绝不要独自行动，让我们借助一下专家的力量。要解决自己的内心问题，与治疗师共同推动进程才是安全的。

转动停止的时钟

我觉得，说出之前没有说出的话，做出之前没能做到的事，就如同转动停止的时钟一般。

必须要当心的是，期待加害者会认罪、道歉、补偿的想法。无论想法多么正确，愿望多么强烈，我们都无法改变他人。

能改变的只有自己。

把力气都花在自我康复上，也可以将自己的时间推向前方。

第七章

找回『我』

把我还回来

我现在仍然会想起那个夜晚的事情。

二十五岁前，我都很愤怒。

那个时候，我还没有遇到作为伴侣的丈夫，虽然已经开始学习有关性暴力的知识，但还没有整理好自我。

在护士宿舍狭小的单人间里，我一个人望着墙壁。

对于乱糟糟的性行为，以及被恣意高涨的性欲所摆弄的自己，我已经感到厌烦了。

那天，我搭讪了一个处在自己的位置上不应该招惹的人，诱惑了他。虽然好在对方拒绝了我，但对于自己为什么会做出那种事，我感到非常羞耻，有了想死的冲动。

而且，以后我还会和对方碰面。

我真的对这样的自己感到厌弃。

我想一跃而下，自我了断。

当时我的房间在护士宿舍的六楼。

我从深夜的阳台探出身子，从六楼俯瞰下面的地面。

地面是水泥做的，如果猛烈撞上去的话应该可以死掉。

但是，水泥地面上建有储物的小屋。

一楼的阳台和储物间之间的空间很狭窄，只够两个人擦身而过。

我的目标水泥地面很窄。我知道，如果没跳好，不小心撞在储物间的屋顶上，那也有可能死不了。毕竟还有人从十楼掉下去，结果落在车顶上得救的事例。

因为自己是护士，所以也见过许多虽然跳下去了，但是却没能死掉，结果腿和骨盆遭到骨折变成残疾的人。

即使从这里跳下去也死不了。

这样想着，我又回到了屋子。同时，也涌上一股猛烈的愤怒感。

为什么我，为什么，我，得遭受这样的经历?

这并非出自我的意愿。

我原本并不是一个任谁都可以上床的人。对于性行为，我已经感到厌烦。

我想，这一切都源于父亲的所作所为，是那些伤口在作祟。

我紧握着拳头，伫立许久。热泪源源不断地夺眶而出。

把我还回来，还给我对他人的信任、我的天真、没有生病的内心、健康的身体、爱人的能力、对美好世界和四季变迁的感知力、对活着这件事的感恩之心、我的时间、我的生命……

把我，把我，把我还回来。

我本不该承受这一切。我已经厌倦了，已经无法忍受这些了。我再也不要做这种事情了。

像这样，我一直对父亲喊着把我还回来。

我想要回可以自己控制的健康的身体，不再擅自变得冰冷僵硬，不再产生莫名其妙的性欲，我想变回原来的自己。

正是父亲夺去了我的一切。我的健全、相信他人的内心、相信世界是安全的心理、我生命根源的爱、希望和梦想，这一切。

为何我会不断如此殷切地向父亲祈求？

在受到心理创伤的情况下，受害者与加害者之间会产生一种特殊的联系。这种联系被称为心理创伤纽带。

日语中也将其称作外伤性羁绊。当对自己施加暴力的加害者停止施暴时，有时候在受害者看来，对方如同救世主一般。而可以任意开始或停止暴力的加害者，有时也会如救世主般行动。

受害者会通过奉承或是协助那样的加害者来试图避开暴力，察言观色配合加害者的言行，尽力使对方得到满足、心情愉悦。在进行这种行为的过程中，受害者会逐渐丧失自身的欲望。

性暴力发生的现场只有我和父亲。

在只有两个人的世界中，我能做到的，只有恳求对方。

求你原谅我，求你停下来，求你不要再做这样过分的事情。

除了恳求绝对的加害者外，我还能做什么？

我只能麻痹自己，向对方屈服，然后在心中悲叹。

二十一岁时，我与父亲分开，在那之后我仍不断地在内心深处祈求着。

把我还回来，让我变回以前的自己，我已经变得如此支离破碎了，让我恢复到你的所作所为实施以前。

但，这种事情是绝不会发生的。

我的恳求，无异于紧紧地依附于父亲。

强烈的愤怒让我看清了这个事实。

然后，我这样想着。

我已经不需要你了，已经不需要那个被你伤害的我了。我厌弃这样的自己。

我要停止这一切。

我仰头望去。

虽然映入眼帘的是宿舍的天花板，但那时我是在朝着父亲呼喊。

（你深深地伤害了我。我非常痛苦，现在也仍在痛苦。但我本不该遭遇这一切，这不是我的罪过与耻辱，而是你的。我要把你的罪过与耻辱还给你，然后去过属于我自己的人生。）

那是我内心的宣言。

我决定抛弃整个受伤的自己，那个决定给我带来了新的人生。

这就是我康复的开始。

选择康复

在第四章讲到的重复性行为的性创伤的再现，虽然是一种一步步确认安全的行为，但却无异于性伤害的再现。

经常会听到遭受过暴力的人在一生中反复遭到暴力伤害的情况。

曾经遭受过儿童虐待的人又受到家庭暴力伤害。

曾经遭受性虐待的儿童在长大后又被强奸。

为什么人会反复遭受相同的伤害呢?

为什么他们不彻底拒绝会遭受暴力的环境，努力去开启新的人生呢?

为什么他们不走专家推荐的道路，却不断地被卷入麻烦与纠纷中呢?

我是这样想的。

觉得已经无法忍受这种事情了，不能忍下去而站起来宣言就意味着与心中的加害者相对抗，这是一种危险的行为。因为这是在对抗那个使自己屈服，使自己无力，随意摆布自己的人。

所以我也是在有了轻生的念头，被逼到绝处后，方才下了那样的决心。

我们理所当然地认为受害者是希望康复的，那才是自然的阳光大道。

我认为这样是不对的。

遭受了会产生心理创伤的性暴力后，还可以恢复成原来的样子，绝没有这种事情。

因为这是一条在自己被伤害得遍体鳞伤后，宝贵的内心和健全的发育，在人生阶段中要完成发育课题的重要时期……要接受这诸多失去的事实，然后走上新的自我与人生的道路。

当我从受害经历中得到解放之时，如果与支援者相遇，我会说：“接下来让我们一起走康复之路吧。”

对方如果回答说：“嗯？你在说什么？我没有任何问题。”

我想，我会将对方拒之门外。

康复需要做的事情有很多。

即使将自己的心情与感受告诉支援者和专家，也可能得不到对方的理解。

可能要努力做让自己感到痛苦的事情。要跨越那种不安与恐怖，努力接受治疗。

即使说出了自己的想法，也有可能会苦于得到亲近的人或周围人不理解的回应。即便如此，还是要为了他们会理解自己的可能性赌上一把，去与他们交谈。

要寻求司法的裁判。学习各种各样的手续，会被询问许多自己并不想讲的事情。即使知道有可能会败诉，自己所花费的时间、承受的痛苦全部变成徒劳，仍然去上诉。

面对许多恐怖、不安、痛苦、无法理解的事情，一点一点地学习，然后向前走。

这个过程是一条险峻的道路，你甚至会感到失去意识。

因为受到伤害，所以感受不到希望或未来，觉得反正做什么都是徒劳，也不会比现在变得更好。而且，变化反倒让人害怕，因此康复之路也让人感觉遥远，看不到尽头。

所以，受害者会觉得："比起努力康复，做一个受害者会让人更自在。"或是恳求："拜托你，帮我回到以前，回到遭受伤害之前。"这些一点也不奇怪。

但，没有任何人能帮你回到过去。

我想起了英文传承歌谣集《鹅妈妈》中的那首《矮胖子之歌》。

矮胖子，坐墙头，

栽了一个大跟头。

国王呀，齐兵马，

破蛋难圆没办法。

因为没有人能帮我们回到过去，所以只有转变自我，重新站起来。

但我觉得，这需要很大的决心和剧烈的转变。

要忍受住从墙上栽下来的冲击并接受它。

要开始面对遭受伤害的事实。

要捡拾起散落一地的自身的碎片。

要凝视被倾倒于地面的自己的内心，从一片泥泞中选择还能使用的部分，然后将其捡起来。

即使破碎了，即使不够了，也要向前走。

站起来，走上康复之路，是只有本人才能做出的选择。

明明责任不在自己，却要承担起产生在自己身上的巨大损失，然后活下去。

这是不合道理的，并非正义，也无功绩。即便如此，这也是为了寻回自己所需要走的道路。

转机

我大概从 2005 年起，一直扮作支援者，持续参加了针对儿童或女性的暴力防止研修等活动。

说扮作支援者，是因为参加研修时，每次被问到“为什么要参加”时，我都会回答：“因为我在救急工作中遇到了许多自杀未遂的患者，得知他们都是从儿时就遭受过虐待或暴力。”

这虽然是原因之一，但并非全部。最根本的原因是我自己曾经遭受过性暴力，不过我当时的状态还无法在人前说出这件事。而且那时候，我更多的是希望自己并没有遭受那么过分的事情。

转机是我去听有过性暴力受害经历的摄影记者大薮顺子的演讲。当时，母亲读了报纸后，告诉我在大阪有演讲。

母亲就这样，若无其事地将性暴力相关信息提示给我。这是很重要的，虽然通过了解可以更好地帮助自己，但当时我的情绪会因为这些信息出现很大的波动，是一种想知道又不想知道，想去又不想去的状态。

所以，即使知道了，我常常也只是说一声“哦”，表现出漠不关心的样子，或是带着愠怒说一句：“哦，知道了。”回答得简短又具有排斥性。

但不知为何，当时我想去听大薮的演讲，或许是因为时机对了。

不过，听有性暴力受害经历的人讲话，这还是第一次，所以我感到紧张，因为不知道自己会出现什么样的反应，所以也觉得害怕。

我当时应该是很战战兢兢的。

“我要一个人去，你不要来。”我这么对母亲说，然后去听了演讲。

大薮在美国报社工作的时候，曾经被以前的邻居强暴过。

因为这个经历，她建立了拍摄性暴力受害者照片的项目“态度：性暴力幸存者们的素颜”，在全美进行演讲，也曾经作为与会人员在美国的国会议事堂发言。她的这些经历被写进了《态度》这本著作中。

研修室里人满为患，我坐在大约正中间的座位上。

大籔走上讲台开始讲话，幻灯片上映着她曾经遇到过的诸多受害者。

这些人中，有遭受过来自家人伤害的女性，有被教师伤害过的女性，有被神父伤害过的男性，还有被男友或伴侣袭击的女性。在单色的照片中，有人骄傲地朝着前方，有人一脸不安的表情，也有人露出微笑的样子。

看到这么多受害者的面孔，对我来说这是第一次。

虽然我曾读过受害者的手记，但并没有见过真实的面孔。

幻灯片中的受害者们虽然表情各不相同，但他们都目光直视着镜头，其中有女性，也有男性。

我的视线离不开不断更换的幻灯片了。

大籔也讲到了接待强暴受害者的护士。

“被强暴后，我被警察带到了急救医院。护士虽然做了证据取样，但只是例行公事。原本，强暴检查应该先问一下‘为了检查，请问我可以用棉签粘一下您被加害者舔过的地方吗？’等问题，在取得被害者许可后方可进行，但我所接受的检查并没有取得我的许可。

“同一天晚上，在没有取得我的许可的情况下，我被两个陌生人触摸了最私密的部位两次。这个经历甚至可以说是非常痛苦的二次受害了，我是一边哭着一边忍受着检查的。”

没有关切的医疗应对会给受害者带来二重伤害。同为医疗从事者，我真的对讲述这些痛苦经历的大篏感到抱歉。

面向性暴力受害者的医疗，需要特别的知识与关切，这原本是需要接受过专业研修，有着专业知识与技术的护士来进行的。

演讲结束后，大篏被人群包围，我没能与她说上话，于是和一位女性工作人员进行了交谈。她告诉我在东京的“NPO 法人女性安全健康支援教育中心”（以下简称为支援教育中心）每年都会举办 SANE（性暴力受害者支援护士）研修。

我后来得知，那位工作人员就是 SANE 的讲师。

听了这些，我想去参加一下那个研修。

“应该有主页的，你可以去看看。”

“我会的，谢谢。”

道完谢转过身去，我发现参加者退场后变得空旷的会场后方，母亲正站在那里。

“我明明说了让你不要来的。”

我小声斥责说。

“对不起，但是我有些担心。”

母亲低着头答道。

我生气了，就先出去了。

母亲跟在后面，和我保持几米的距离。

大籔的话、众多受害者的面容、在东京举办的针对性暴力受害者支援的护士研修，这种种事情塞满了我的大脑和内心，结果从换乘电车到回到家，我都没和母亲说一句话。

母亲也没有说话，沉默着一路跟来。

回到家后，我立刻打开电脑，很快我就找到了主页，我忐忑不安地申请了。

两三天后我收到了回复。这个时候，我甚至都没有想到，接下来在长达几年时间里，我会与创立并实施 SANE 研修的人们保持着深入的交流。

SANE 是指二十世纪七十年代以美国和加拿大的护士为中心组成的能够避免医疗现场的二次受害（因为不注意言行而进一步伤害受害者），遵从本人的意愿为准备起诉等法律措施而实施证据取样并留下记录的保健师、助产师和护士。

在二十世纪七十年代的美国医疗现场，性暴力受害者也会经常受到没有关怀的对待。例如，会被要求在急救门诊长时间候诊，或是会被用其他患者能够听到的声音说出是强暴受害者的事情等。

为了“不再让遭受性暴力受伤的人受到更多的伤害”，护士们踊跃奋起，为性暴力受害者实施所需的看护治疗训练，这就是SANE 的起源。

据说在美国，SANE 会进行所有的诊察与证据取样，制作记录并在法庭作证。性暴力受害者的诊疗需要特别的关照，耗时也比较长。同时，他们还需要制作在审判中使用的记录，准备在法庭上的证词等。有报告显示，由 SANE 来负责这个领域，可以让业务繁忙的医师们专注于自己本来的业务，而由于接受过训练的护士会进行恰当的证据取样，因此犯罪检举率和有罪率都得到了提升。

为什么受害者会被责备?

2006 年，为了参加 SANE 研修，我前往东京，那时我三十二岁。

包括暴力受害者支援研修的参加者在内，会场有许多女性咨询员和社会福利相关的支援者们。

大概有一百人吧。这么多人都加入了针对女性儿童的暴力防止活动，对此我感到震惊。

大约有来自日本全国的三十位护士来到举行 SANE 研修的会场，运营研修的护士们负责迎接。

我打开 A4 大小、约四厘米厚的教材，然后接受了研修，学到的东西都是前所未闻的。

其中，当然包括作为护士所需的知识与技术，但让我内心震撼的是贯穿支援教育中心的理念。

这个理念就是，暴力决不被原谅的认识。

我反复听到的是，暴力受害者没有责任，责任在于施暴的加害者，女性和儿童遭到暴力受害之苦是一个社会问题。这些是讲师和工作人员们的共识。

讲师中有家庭暴力或虐待的当事人、女性咨询员等支援者们、NPO 团体的活动家们、心理咨询专家、护士、社会福利人士、神经科医生、妇产科医生、律师、社会学者等各路人士，他们从各种现场讲述了暴力受害者的应对、对社会的疑问以及所需的支援。

每一句话都让人热血沸腾。

一位运营家庭暴力庇护所的原警官说：“加害者大摇大摆地走在路上，受害者却生活在暗无天日下，这种状况很奇怪。”

一位妇产科医生说：“对受害者好的医疗，就是对所有人好的医疗。”

这种看待事物的观点，我第一次听到。

当时在我工作的医疗现场，暴力受害被看作自然灾害般无可奈何的事情。

例如家庭暴力受害的情况，如果受害者来医院的话，他可以接受伤口护理，但我们不会给他们家庭暴力支援机构等的宣传册子，应急处理结束后受害者就会回家。回家后，由于丈夫或伴侣施暴的环境并没有改变，所以他们又会遭受暴力，然后又带着伤被送来。

面对反复受到伤害的被害者们，医疗从事者们觉得受害者很奇怪。

“这个人（受害者）也是有问题的。”

这种话现在也能听到。

虽然也有人会同情受害者，但面向医生和护士的教育中并不包括对受害者的支援，大家既没有对策，也没法改变现状。

所以会出现责怪受害者的言行和受害者有错的认识。

这种认识并非只有医疗从事者才有。他们生活在社会中，我想这是他们形成的一般认识。

例如，我当时经常会从报纸、电视，或是与同事和熟人之间的对话中，听到以下言论：

当发生家庭暴力造成的杀人案件时，“他怎么不逃跑呢，要是我的话绝对会逃的”。一位评论家这样说。

对于被闯入家的强奸犯实施性暴力的人，一位熟人皱眉蹙眼着说：“强奸犯自然有错，受害者也得再注意点儿呀。”

唯一被原谅的只有儿童受害者，但这也会质问：“父母到底在干吗？”

受害者被责备，加害者并不被要求负责任。

我想，正是因为我们面对的是这样的现实，所以日本社会才会容忍性暴力。

杀人或留下重伤的性犯罪可能会被搜查逮捕。

但还有许多强暴受害或猥亵受害很少会进入人们的视线中，它们会在沉默中销声匿迹。

即使是现在，我也经常会听到性暴力受害者们说，父母会告诉自己“保持沉默”“不要告诉任何人”，虽然告诉了朋友，但受害的事情却被无视，事后被传出去当作笑话。

在这样的社会中，让我讲出自己的经历是不可能的。

因为我可以轻易预想到，那些认为在某些时间和场合下暴力可以被原谅的人会说：“你怎么不说自己不愿意呢？”“你也有错吧。”“这事儿是真的吗？”以此来否定、追问我。

在一个性暴力受害者被责备的社会中，我害怕自己的经历被人知道。

现在，依然会有人问我，你就没考虑过上法庭吗？

我思考了一下，在司法制度下我会被怎样对待。受害当时，我的状态完全不能忍受讲述，我能够面对自己的受害经历也是到三十五岁以后了。当时早已过了时效，能够作证的只有自己的话和模糊间断的记忆。

我别无他法，忍耐着自身出现的症状，一个人努力进行着心理创伤的治疗。在伤害结束过了二十年后，我依然要自己支付一次一万日元的治疗费，持续接受着治疗。

就是在这个过程中，我在支援教育中心遇到了那些认真致力于解决这个问题的人们。在不断高涨的热烈氛围中，他们用洪亮的声音告诉我，暴力是不被原谅的社会问题，个人的事情就是社会的事情，发生在受害者身上的事情也有可能会发生在自己身上。

我遇到了认真致力于解决这个问题的人们。

有这样一群人是令人难以置信的，我被深深地感动了。

我当时感到自己终于找到归属了，这种感觉至今都没有变。

SANE研修的第二天是在都内的妇产科医院进行的。

我们借了真实的问诊室，然后进行角色扮演，事例是“与母亲吵架后离家出走，被网上认识的男人带到宾馆然后遭到强暴的女高中生的护理”。

我扮演的是护士，在问诊室接待受害者。我当时很紧张。

或许是我自身仍被传统的想法所束缚吧，尽管处于这种状况下，对于受害的女高中生，我还是无法消除“为什么会和网上认识的男人见面，为什么在被带到宾馆前不说自己不愿意，她自己也有责任的吧”这些想法。

但是，当扮演女高中生的人进入问诊室的时候，这些疑问全都消失了。

无论是何种情况，她被强迫进行了性行为，现在需要护理，这是不变的事实。性感染症的风险、意外怀孕的可能性、心灵的伤口，她需要的是护理，而非刨根问底。

我的内心涌起一种共鸣感，回过神来，就接下来的诊疗和护理进行说明，问了她一些必要的问题后，我这样说道：“接下来我们要做的所有事情都会尊重你的意愿。如果你不愿意的话，不用勉强自己，告诉我们就好。”

那一瞬间，我的内心发生了巨大转变。

看出受害痕迹

支援教育中心的理事，同时也是法医学者的杏林大学佐藤喜宣教授（当时）也参加了那天的研修。

五十来岁的教授穿着很是考究，他露出迷人的笑容，这样对我们讲道：“护士的作用非常重要。我正在考虑在自己工作的大学开设法医护理学讲座，专门培养处理虐待和暴力受害的护士。”

据说，他正在向大学申请开设法医护理学讲座，具体什么时候开始还不知道。

不过，在佐藤教授工作的大学附属医院已经成立了虐待防止委员会，对家庭暴力受害者及儿童虐待的受害儿童，由委员会探讨后采取合适的应对。

我想，如果在这家医院工作的话，就可以获得信息了吧。

恰巧这个时候，我刚刚辞掉工作，打算去东京。

因为这一系列的偶然，六月我参加了医院的录用考试，九月入职，而第二年学校就开设了法医护理学讲座。于是我参加了硕士考试并合格，之后在佐藤教授的指导下学习了两年。

在法医护理学讲座中，我学到了各种各样的知识。在医疗机构中，治疗是第一位，大家很少会关注这个问题的发生。医生和护士虽然会学习伤口和疾病的治疗，但几乎不会学习受伤成因，也就是如何受伤的。

据佐藤教授讲，儿童虐待的致死率是30%，这个比率和蛛网膜下腔出血的致死率一样，是比较高的。

例如，有孩子因为手臂骨折被带到医院。

父母会说是从楼梯上摔下去造成的。但我们需要认清楚，究竟是真的从楼梯上摔下去的，还是胳膊被谁折断导致骨折的。这大大关系到这个孩子今后是被父母害死，还是能够接受恰当的支援，获得恢复继续活下去。

同时，我了解到，家庭暴力和虐待受害者身上可见的新旧混杂的殴打伤痕（新的殴打伤痕和旧的殴打伤痕）显示着有持续性的暴力，这种情况要强烈怀疑发生了虐待行为。这些知识都是我之前未曾学到过的。

为什么不把对虐待及暴力受害的评估与护理作为标准知识，

教授给医疗从事者呢？

佐藤教授是这样说的。

“当我去一家医院教给大家儿童虐待的分辨方法时，那里的医生告诉我说：‘哎呀老师，我们医院没有什么儿童虐待的。’但第二年我再去的时候，他说：‘老师，非常抱歉，我们医院也是有的。’就是说，如果有这方面知识的话，你就能够分辨出来；但如果不了解的话，你就不会知道。”

没有分辨力的话，就无法看出。

如果在受害者到访现场，工作的医疗从事者不能看出暴力的话，那么谁还能够救得了他们呢？

与幸存者的相遇

考入研究生院前的 2007 年的夏天，我参加了在加拿大温哥华举办的为期八天的研修。

负责协调的人名叫琳达·吉普赛。

琳达是一位性受害经历的幸存者，她在加拿大温哥华作为援助者、教育者、咨询师，长年持续活动着。

幸存者就是指有幸生存下来的人。幸存不仅是从性暴力现场得以生还的意思，它还指对人类和社会抱有强烈的不信任感与恐惧感，为了忍受心理创伤症状而沉迷于酒精和药物等，即使在这种想要结束生命的痛苦状态下，依然继续活下来。

存活下来，继续活着就是胜利，就是幸存。

我也感觉，比起性暴力受害者，自称为幸存者更能获得力量。当然，也有人觉得自己就是受害者，所以语言的选择由本人来决定。

琳达曾经遭受过来自父亲的性暴力，但她整个人都如同伟大而温暖的太阳一般，完全不会让人感受到那段痛苦受害经历对她的影响。她丰富的感性与包容一切的温和，给了我很大的影响。

加拿大的支援状况很好，比日本先进三十年。研究暴力问题的人们的认识也非常新颖不同，这场研修让我有种穿越到未来的感觉。

我访问了提供女性所需医疗的女性医院，也见到了实际工作着的 SANE 们。SANE 们告诉我，他们在为受害者诊疗时，会就问诊和检查一一进行说明，取得受害者的同意。

“首先，我们会告诉对方不会勉强她做不情愿的事情。然后说明一下检查的内容，让受害者来选择。而且，对于是否要使用毛毯等细节问题也会给出选项，取得对方同意。”他们这样解说道。

一位参加者提问“为什么要逐一取得同意呢？”的时候，SANE 直视着这边答道：“受害者遭受性伤害并非出自自己的意愿，对每件事都征求受害者的同意，可以让他们想起来自己是有选择的权利的，不用勉强自己做不愿意的事情。”

SANE 的语气就像是在说一件理所当然的事情一样，其态度表现出他们深刻地认识到自己不是在进行简单的医疗护理，而是在护理的过程中帮助受害者找回被暴力夺去的一个个人权。

加拿大 SANE 充分尊重受害者权利的态度非常彻底，他们很自然地做到了这一点，这个现实令我折服。

在研修中，琳达多次发出“能否给每一位找到我们的人带来希望”的疑问。现如今，我也会时常带着自省的心情想起这句话，问自己是否对遇到的每一个人，都给出了像他们那样能够找出希望的应答。

参加受害与支援的相关研修，我一直提问个不停。

每一件事都打动了我的内心，在有的场合下我还会哭泣，情绪变得很激动，参加者和工作人员则静静地守护着这样的我。

三年后，当我首次在人前谈起自己的受害经历时，一起参加了温哥华研修的人说：“那个时候，我就觉得小润应该是有过什么事情的吧。不过当时不知道，今天终于明白了。”

从那个时候起，对方就在守护着我，没有对脆弱的我刨根问底，而是静静地支撑着我。正是因为有如此多人的帮助，才有了如今的我。对此，我感激不尽。

受害者中心主义的想法

这种被尊重、被支撑着不断深入学习的感觉，我在参加2010年俄勒冈州的研修时也感受到了。在这里，我也体会到穿越到比日本现实先进三四十年的未来的感觉。

俄勒冈州的支援者、警察、行政人员异口同声地表示“我们的支援不能仅仅停留在等待”“我们必须前往暴力现场”。

俄勒冈州的警察设有家庭暴力科，这些警察都接受过研修，对家庭暴力有一定的理解，由他们来应对家庭暴力案例。当接到通报赶到现场时，针对不愿意避难的受害者，他们会当场让其给支援中心打电话。这是为了将支援带给那些觉得自己无法离开、无法逃脱的受害者，当再次发生什么的时候，他们自己就可以见机行事，寻求帮助。

之后的合作也是很细致的。

为了实现更高质量的服务及对加害者的处罚等法律责任，民间团体、行政、警察、检察院、法院的功能得到强化，构建起一站式的服务体系，方便受害者统一接受援助和服务。

在一个设施中，有警察、行政的社会福利科以及民间 NPO 团体等的支援者。他们各自履行着自己的职能，又相互合作采取应对措施。这在日本恐怕是没有的。

要报警需要去找警察，要避难得去找福利科咨询，要得到保护令得去法院，受害者如果不拖着疲惫的身躯四处奔波的话，就无法接受支援，有时候咨询过后还会得到否定的答复。

然而，据说在俄勒冈州的一站式中心所提供的服务里，可以用录像连接的方式与法院牵线，受害者不需要去有可能会见到加害者或其亲属的法院就可以接到保护令。

他们共有的一个基本想法就是“Victim Centered（受害者中心主义）”。

我们必须以受害者的幸福和利益为中心来思考问题。如果优先考虑我们组织情况的话，受害者就无法使用服务，暴力就会反复发生。

能够这样考虑问题，其背景之一是对家庭暴力家庭中成长的孩子们的支援。

神经科医师宫地尚子指出：“美国与英国的调查明确显示，实施性犯罪加害的男性多成长于家庭暴力家庭，与本人是否有过性受害经历并无太大关系。其原因是，这些人一直看到的是有性爱关系的大人之间发生的暴力与支配，因此很容易产生暴力与爱情的混乱、亲密情感（依恋、安心）与性爱或恋爱的混乱、自我与他人之间界限的混乱。”（《心理创伤》）

帮助现在的受害者，可以防止未来加害的发生，创造一个和平安全的社会。

我参加性暴力受害者们的自助小组，是在那之后大约过了两年的时候。

通过当事人之间的互相扶持来实现康复的自助小组，在依赖症的领域发挥着力量。虽然我以前就知道东京也有性暴力受害者的团体，但他们举办活动的地点大多很隐蔽，有哪些人会参加也不得而知，所以我一直在犹豫要不要去。

经人介绍后认识的性暴力受害当事人告诉我“这个团体还不错”，于是我就去了对方推荐的那个小组，之后认识了创立近亲间虐待的同伴支援团体 SIAb. 的惠子。同伴支援是指有同样经历的伙伴之间互相支撑。

惠子曾经遭受过来自亲生父亲和哥哥的性暴力。当时她也在运营着自助小组，组织一些活动向支援者和专家讲述自己的经历。

我不记得是什么时候，当时，当事人们正在一起说话，惠子直视着前方，坚定地说：“我们没有任何错误，所以没有什么可感到羞耻的。”

她态度凛然的样子我至今难以忘记。

那是一副在战斗的姿态。

她当时在看着什么呢?

施暴的父亲、站在父亲一方的母亲、不理解自己的老师、受害事情曝光后无人援助、遭到无视的境地。她直面这一切，靠着自己搭建起属于自己的人生。这句话由这样一个人说出来，更加响彻心扉。

我在惠子的话中感受到了内心的共鸣。

（对的，我们没有任何错误，也没什么可感到羞耻的。）

我也想对自己证明：

没什么可感到羞耻的!

我不是一个见不得光的人!

应该感到羞耻的是加害者!

但实际要讲出来，还是需要莫大的勇气与支持的。

讲出来

从 2008 年起，我一直在参加“ensenar5”①，这是由参加了温哥华研修的日本支援者和护士们成立的团体，向市民连续举办主题为以性暴力受害为中心的暴力防止的讲座。我负责连续讲座之一的医疗讲座。

在讲述性暴力受害者所需的医疗支援与医疗现场状况的过程中，我的心境发生了一个变化。

那就是，我渴望讲述自己的经历了。

我已经厌烦了在自我介绍中说明我为什么会进行该项活动的时候，用“因为我是护士，所以遇到过许多受害者”来搪塞。

同时，NPO 法人 Resilience 的代表中岛幸子总是在讲座中连带自己的受害经历一起，讲解有关家庭暴力 / 性暴力的深入知识，我也被她的样子所感动。

我也想讲述真实的事情。

---

①译者注：ensenar是一个西班牙词汇，意思是“场合”。

这种愿望与日俱增，2010 年，我向工作人员表明“我打算讲出自己的经历”。

距离我十三岁时开始遭受伤害，已经过去了二十三年。那是我三十六岁时的秋天。

工作人员虽然有些吃惊，但还是说“你愿意的话没问题的”，这大大鼓励了我，然后我准备了讲座的稿子。

当时，正好母亲来到东京，她说：“这对小润来说是一个关键的时刻，我也想去。”

“你绝对不要来。”

我拒绝了她。

这话虽然打击到了母亲，但我当时没有多余的精力顾及她的心情。

我让好朋友看了一下稿子，然后终于到了研修讲座当天，我走向了会场的研修室。

研修室里坐满了人。

我颤抖着走上讲台。

打完招呼后，我这样讲道：“接下来，我要讲一下我的受害经历。如果感到不适的话，您可以在会场外面休息。希望大家保重身心，来听我的讲述。”

会场陷入了暂时的沉默。

要说的话都写在稿子上了。

我只要把稿子上的话，把那些话说出来就好了。

但是，那些话像是卡在喉咙深处一样说不出来。

我的手不住地颤抖，终于我挤出了一句话。

“我曾经遭受过来自父亲的性伤害。”

我能说的就只有这一句，真的只能说出这一句话。

仅说出这一句，我的声音都在颤抖，我感到目眩，情绪波动非常激烈。

我想起了当时悲哀、恐惧的经历。

但，我公开了自己身上所发生的事情。

我讲了出来。

诉说，告发了出来。

那是在向社会揭开自己的伤口，向人们展示当天晚上所发生的事情。

虽然只有一句话，但对我来说却是很大的前进。

之后，我只是拼命地念着稿子中写好的统计和医疗知识。

会场的人们都侧耳倾听着，结束的时候响起了热烈的掌声。

工作人员守护着我，朋友特地赶来，参加者在友好的氛围中听我讲话。之后我说，这个首次在公开场合的发言作为一次成功的经历被刻印下来。

当我说“我打算讲出自己的经历”的时候，工作人员很担心我，也给了我诸多关照。然而，有关性暴力受害的发言中我却只讲出了一句。我想，他一定很失望。可是，在之后的会议中他支持我说：“我真的觉得你能讲出来就很棒了。”

回到家后，母亲和好友在等着我。我告诉他们讲座结束了，母亲很开心，说“顺利结束真是太好了”。四年后，母亲得以在熊本县举办的讲座上听了我的演讲。

虽然我还无法做到神色淡定地讲出来，但这次演讲之后，我开始逐渐收到邀请，进行一些演讲，能讲的内容也一点点多了起来。

即使这样也要讲述的理由

虽然也有不讲出来的选项，但对我而言，讲述成了重要的经历。

收到演讲邀请时，主办者等有时会非常抱歉地说：“实在不好意思，让您讲出这样难以开口的事情……”

每当听到对方这样说，我都想喊出来。

“我和你们没有任何区别！这不是我的创伤！我不是来讲令我难以启齿、羞愧不堪的事情的！”

但我突然意识到了。

不正是因为有这样的创伤，我才受到了邀请吗？大家不就是希望我来讲谁都不愿意讲的受到伤害的耻辱经历吗？

我的脑子一片混乱，感到困惑的我在沉默中只能含糊地微笑。

即使这样，我也要继续讲述，这是为什么呢？

演讲结束后，我也会听到这样的问题。

“请问您为什么要讲出这些难以开口的自身经历呢？”

“您为什么选择讲出来呢？”

每当此时，我都会回答：

“我希望听了我的经历后，大家能够加深理解。”

“因为我觉得隐瞒自己的经历来演讲是对听众的不诚实。”

“因为我希望大家知道有这样的问题。”

虽然每个回答都没有错，但现在看来，我的回答逐渐变得不一样起来。

“您为什么要讲出来？”每当被问到这个问题时，我都会被拉回十三岁时开始的那个夜晚。

没有人阻止他，也没有人帮助我的经历。

或许在别人看来，这是理所当然的。因为我既没有起诉，也没有告发他。

可是，我当时想的是，“不要再做这种事了”“这样做是不对的”“做这种事是不会被原谅的”。

我那会儿还是个无知的孩子，并不知道还可以起诉，也不知道起诉的方法。

我无法理解这种行为的含义，不知道用什么语言来描述，也没能诉说出来。

选择讲出来，就是在表示我绝没有接受那样的行为，就是在诉说那个行为给我带来了怎样的伤害。

讲述当时自己没能说出的话，没能做到的事，我的这种行为是复仇吗？

不是的。

现实是自己的遭遇无法起诉，加害者没有接受惩罚，受害者独自一人在沉默的深渊中痛苦不堪。

这样的事情并非只发生在我身上。

也有女性将父亲对自己的性伤害告诉老师，但却遭到无视，对方没有采取任何应对。

也有一些孩子离开父母后，在避难的儿童养护设施受到性伤害。

有许多受害者虽然鼓起勇气进行了起诉，但却被告知根据现在的法律，并不能进行审判。

日本社会并没有让我看到正义。

我是在带着这个让人无可奈何的现实进行讲述的。

和那个束手无策的十三岁的我一起。

和那些现在依然无法发出声音，痛苦不堪的孩子和众多大人们一起。

和那些虽然发出了声音，却被无视的人们一起。

加害者来自我们的社会。

没有任何人一出生就是性犯罪、性暴力加害者。

他们是如何知道这些未经对方同意的性言行的呢?

是怎样有了歪曲的认知的呢? “被强暴又不会少块肉”“说‘不要’其实是在说‘你来吧’”“反正你也很随便，跟别的家伙也会做，那我做一下也无所谓”“自己不注意，错在受害者”“孩子很快就会忘掉的，他们不懂的”——

这些不就是生活在日本的人们所说的话吗?

“你就当成是被狗咬了一口，忘掉吧。”

我也曾被人这样说过。

也有受害者被拍了强暴现场的照片或视频，然后遭到加害者的威胁，“如果不想我散布这些东西，以后就得听我的”。他们只得退缩。

性伤害经历被别人知道对受害者是不利的。加害者就是看到了这一点，才会用“不许告诉任何人”“按我说的做”来威胁受害者。这些加害者的威胁之所以有威慑力，是因为我们的社会会对遭受伤害的人指指点点。

我希望大家了解有这样的伤害，而且就发生在我们身边。

希望大家不要用语言责备受害者，而是去了解他们的创伤和痛苦，静静地守护他们。

希望大家能够明白实施暴力的是加害者，然后追究他们的责任。

从来听我讲座的人脸上，我可以看到对于发生这种事情的震惊，以及无法原谅这种事情的义愤填膺。我可以从听众的反应中感到，虽然大家并不知道该怎么做好，但都有认为需要做些什么的决心。

演讲结束后的问卷调查中，一位男警官写道：“我深刻地认识到，要讲性的话题有多难。我想好好思考一下，今后，在对性犯罪受害者进行听取调查时，我应该怎么做才能尽可能地为他们创造一个易于开口的状况。”

“多少能理解受害者的心理了。虽然严重的性暴力问题让我感觉胸口堵得慌，但我想把这些运用到今后的支援中。”一位支援者这样写道。

“我想感谢您把自己的事情毫无隐藏地讲给我们听，非常精彩的演讲。”一位男性在演讲结束后这样表达着感动。

那些男性和女性们对当日初次见面的我，或是注视着我的眼睛小声讲述，或是拼命地发出声音，向我坦白自己的受害经历。

因为得到了人们这样的回应，所以我才能够讲述出自己最不想讲的，曾经一直认为不能对任何人讲的事情。

然后，在讲述的过程中我意识到了。

受伤的自己是肮脏、耻辱的，没有活着的价值。

这种想法最强烈的其实是我自己。

投影

2012年的春天，我气得发狂。

经过顺利的交往，就在我和丈夫结婚后，开始生活在一起后不久。

在放着我们两人行李的屋里。

我们都要工作，房间里的行李总是收拾不完，纸箱子一直堆积如山。

丈夫回家比较晚，我正在一个人收拾屋子。我们必须要一直看着这堆行李箱生活吗？

我对整理不好的房间感到愤怒，不过气得有点过头。

在愤怒中，我突然闪现出这样的想法。

（为什么，为什么，为什么不能给我带来完整的幸福呢！）

和丈夫有了几次冲突后，我宣布再也不想看到他了。我们在家里分居，我还打电话给母亲，说自己要离婚。

当时我完全不能意识到那种愤怒究竟是什么，现在我懂了。

那是想要重新找回失去的一切的过大压力。

我在向丈夫要求。

要求他带给我完整的幸福。

要求他填满我内心未满的部分，消除我所有的负面感情。

要求他找回我所失去的东西，给我补偿。后来我知道，这种情况用心理术语来说是“投影”。

因为丈夫与父亲同姓，所以我在单方面要求丈夫对父亲的所作所为做出补偿，补偿我的损失，将我恢复到原来的状态。

举行婚礼一个月后，我感到狂怒，情绪完全不受控制，我把丈夫赶出了家门。

过了几个小时后，丈夫拿着红玫瑰花束和牛角面包回来了。

我勃然大怒。

他竟然想用玫瑰来讨好我，真是完全不懂我的内心，这是我当时的感觉。

“我才不需要什么花呢！”

我把玫瑰花束扔向他，把牛角面包倒到地上，鬼哭狼嚎地发怒着。

丈夫茫然地看着我，他小声嘟囔：“花……多可怜。”

自那以后，丈夫会给我买首饰当礼物，再也没买过花。

帮助我们收拾事态的是碰巧来帮我们搬家的母亲。

“我们要分手了，我要离婚。”

对语气激昂的我，她劝慰说："才结婚一个月就离婚太不像话了，至少也等个半年到一年。"

她是以此争取时间。

对丈夫，母亲又说："小润都这么生气了，我们一起整理吧，好吗？"

丈夫也说："好的，我也想学学怎么整理房间。"

于是，他们两人立刻开始了整理。

虽然我仍然很生气，但看着他们收拾的样子，我的气也慢慢消了。

虽然我们解除了家内分居，但我的情绪波动依旧很极端，一方面觉得丈夫已经做得很好了，另一方面又觉得决不能原谅他。半年过去了，我仍在咬牙切齿地向我的导师抱怨丈夫。

"我老公什么都不干。也不打扫屋子，也不做饭。为什么家里的活都得我一个人干？"

我越说越激动，导师用无比为难的表情这样说："但是你老公已经很好了。"

（很好了！！很好了！？很好了？？很好了？很好了……）

我听到了一个意想不到的词语，脑子自顾自地转着。

"很好了。"

听到这样的说法，我想到丈夫从未说过别人一句坏话。即使我单方面地斥责他，他也不会还口，只是默默地承受着。

之后，每当我对丈夫涌上瞬间的愤怒感时，我都会像念咒语一样说着这句。

“很好了，很好了，很好了……”

我不再对他怒目而视了，开始用“希望你……”的说法来告诉他我的要求。

这样一来，他也给了我回应。

这样的时间不断累积，我不再将自己受伤的愤怒和恐怖投影到丈夫身上，而是学会了接受一个真实的他。

我究竟在看什么呢？

在感受丈夫的哪里呢？

创伤很深，影响也很大。

当时我没能意识到自己在向丈夫寻求补偿，但最近我终于发现了，原来自己在要求丈夫补偿父亲所带来的损失。

想来这是一种极端的认识。

本以为自己结婚后，可以与梦想中温柔安全的人保持稳定的关系，终于能够获得幸福，然而为何无法幸福？

就是这种愤怒。

但他并不是单方面让我幸福的替代品。

他是一个人，是他自己。要在头脑和内心中认可幸福是需要共同去创造的这一点，需要漫长的时间。

那是一种试图补偿损失的无意识的尝试。过剩的期待和理想让我偏离了真实的关系性，我差一点就失去了对自己而言真正重要的人。

我曾经读过一本书，里面将康复描述为“螺旋楼梯”。我想象的是类似沿着螺旋状的山一点点向上攀登，逐渐接近山顶。这个过程需要时间，你会觉得好多次都看到了相同的景色。但是，只要你在向上攀登，即使你看到的仿佛是相同的景色，你也向上迈了一个台阶。

过去我也曾经历过这样的时间。当我说“妈妈你没有遭受这一切，你什么都不懂”，把怒气撒在母亲身上的时候；当我向受害的伙伴们义愤填膺地讲那些不理解我的支援者的坏话的时候；当我被受害者以愤怒与不满回应时，内心觉得我也是受害者啊，因此而感到纠结和愤慨的时候。

不是说因为你有了受害经历，你就是正确的，就是完美的，就不会犯错。

我现在到达了什么样的高度了呢？

或许，今后我依然会将莫名其妙涌上的愤怒，或是突然爆发的无可奈何的情绪，撒到不相干的人身上。

但随着经验的增多，我也能够意识到了。

这个愤怒来自哪里？是否真的应该把气撒在眼前这个人身上？是不是产生于自己过去未能消解的问题中？

通过客观的思考，可以不去感情用事，然后意识到问题所在。

客观地观察是一个重要的习惯，它可以使我们摆脱受伤的经历、心理创伤的重力以及内心的反应模式，然后构建起更加良好的人际关系与自我。

要反省自我，调整关系，然后努力朝着更好的方向发展。

不主观、单方面地看待问题，而是要客观地理解自己身上所发生的事情。必要的时候，可以借助专家之手。

要在凹凸不平的康复之路上向前走，今后也要铭记这些，奋勇努力。

向丈夫的坦白

结婚前，我也在犹豫，要不要向丈夫坦白自己曾经遭受过父亲的性伤害这件事。

隐瞒着这样重大的事情与对方结婚是不诚实的，为此我很烦恼。但现在，我可以自己处理那件事的影响了，我又开始犹豫有没有必要刻意告诉他。

虽然我觉得，丈夫不是那种会因为知道了这件事而转变态度的人，但我仍然不知道他会出现怎样的反应，一想到如果被他拒绝，我就感到很害怕。

到底要不要坦白受害经历？对于幸存者来说，这是一个很大的选择。

有可能你会得到一个好的结果，又或许会收到意料之外的反应。

我向当事人同伴咨询过这个问题后，得到了各种各样的回答。其中，有个人这样对我说："喝酒或是不喝酒，骑自行车或是不骑自行车，我们不是因为这些条件而喜欢上一个人的。遭受过性伤害也是一个经历，要不要说出来，根据你和那个人的关系来决定就好了吧。"

性伤害的经历已经成为形成我这个人的因素之一。虽然我自己无法看到它所占的是哪个部分，但丈夫喜欢上的是包括这部分在内的我，所以我也不必刻意去说。当时我是这样想的。

于是，我没有说，将其隐瞒了下来。婚后过了大概半年，就在我一边念叨着"（丈夫）很好了、很好了"一边过着日子的时候，我突然有种希望他能更了解我的心情。

我想是因为对他的信赖感在累积，我已经感觉到安心了。

然后，并非正式的场合，就在我们俩在家一起休息的时候，我开口说道："我有件事想跟你说。"

"我一直想告诉你，却没能开得了口。其实我去做演讲，进行现在的活动，是因为我曾经有过性伤害的经历。

"伤害我的是我父亲。

"那段经历苦不堪言，虽然跟我们现在的生活没什么关系，但我想让你理解我。"

丈夫很自然地说："因为小润一直在做这些活动，我就觉得你身上可能发生过什么吧。"

然后他紧紧地抱住了我。

"没关系的。"

啊，原来这个人一直都理解我，也接受了我。一想到这里，眼泪就自然地流了下来，我在他的怀里哭泣着。

他就这样一直温柔地抱着我。

"我想给你温柔的爱，帮你重新找回自己，爱就是这样一个过程。"（巴士卡里雅《爱和生活》）

这是《小王子》的作者飞行家安托万·德·圣－埃克苏佩

里的话。

相信我的母亲、理解我的好友美智子、接受我的丈夫，身边人的爱帮我重新找回了自我。

我的心在人生的早期就被扼杀了。

但爱又复苏了，并注入了生命。

这次，我想在转瞬即逝的人生中，将自己所收到的每个瞬间的生命与爱分享给别人。

被缝合的心

我的眼前放着在接受艺术疗法时制作的两片心形纸。

其中之一被撕成两片，左半边呈现出烧焦般的黑色。右侧只剩下三分之一，几乎看不出心的形状了。

这个心就代表着本章开始所写的我的心。

被撕碎、伤害到这种地步的话，就会因为一些只言片语而受伤，变得支离破碎。

被浸染得如此之黑，也只能感受到愤怒、痛苦和憎恨。

变成这样小的碎片，也就很难与他人、社会形成联系。

再看看另一张心形纸。

虽然这颗心有同样被撕碎的伤痕和损毁的部分，但伤口用金线缝合了，损毁的部分填满了照片，上面是一路支撑着我的人们的笑容。下面的颜色恢复了柔和的粉红色。

用金线缝合的裂痕处让人想到指定国宝茶碗的修复，其中使用了相同的金子缝合技术。

用漆将破碎、缺失的瓷器粘起来，然后用金子装饰修缮的部分。这种手法不仅可以达到修复的目的，有时还会使器物具有比之前更高的价值和韵味。

我低头望着满目疮痍的心，被缝合后，它被许多人的笑脸填满了。我想：

因为经历了缝合，所以坚强。

因为了解痛苦，所以温柔。

因为失去过，所以才有所得到。

还在痛苦中挣扎时，我就在想，这个经历结束后我会变得更加坚强、美丽、出色。

跨越了痛苦而变得坚强，获取了知识而变得睿智，我将会拥有一颗绝不会受伤的内心，成为一个宽容、有深度、温柔的人。

但我并没有变成这样。

我对不理解自己的社会感到厌烦，对不理解自己的支援者发怒，有时也会迁怒于身边的人。我在拼命压抑着自己强烈的愤怒。

经历过这么多的痛苦，我仍然没能完成蜕变，还是一个渺小的人。

面对这个现实，我的心像是被扎过般痛苦。但我明白，这样也没关系。

我不需要变成什么伟大的人。

今后也会出现各种各样的纠葛、混乱、内心的变化、动摇和痛苦吧。

即使这样，我也和生活在这个社会中的芸芸众生一样，我们都在一边感受着这些一边活下去。

我是一个曾经遭到过性伤害的护士，我有一个小家庭，也是一个能感受到喜怒哀乐的人。

现在，我才有种找回了自己的感觉。

性暴力受害者生存指南⑦

如何才能康复？
健全在自身内部

每个人都有着走向成长与自我实现的可能。

康复之路因人而异，虽然很艰辛，但也会有意想不到的邂逅与喜悦的瞬间。

恢复到原来的样子，也意味着人可以成长为一个新的自我。

每个人的道路都不同，希望你的道路会是一段美好的旅程。

用自己的力量康复

*** 康复是一种“选择”**

康复是一种由你自己的意识来决定做出的“选择”。

谁都不能代替你康复。

康复也是唯一一条健康的选项。选择自杀、逃避、滥用药物、卖淫就是在伤害你自己，这样正好合了伤害了你的加害者的心愿。

*** 康复需要时间**

康复需要时间。就如同我们没办法一两天就从学校毕业一样，康复的过程中要学习各种知识让自己成长起来，然后一点点前进。

*** 康复速度因人而异**

不同人的难点、康复步骤和方法也不相同。

对我而言好的做法不一定适用于你。不过，还是要和别人保持联系，信息的获取也会帮助你康复。

*** 康复是只有自己可以做到的事情**

但只靠自己又无法做到

康复只能靠你自己，但仅靠一个人又无法完成。在众多支撑与学习中恢复交流能力很重要。同时，即使我们会找人咨询，但最后自己来做决定会很有帮助。

*** 我做过的事情**

· 祈祷 虽然没有信教，但我做了一个小的祭坛，即使不情愿，也每天在那里感谢祈祷。我想，正是通过祈祷，我的内心才平静下来，可以看到事物光明的一面。

· 参加自助小组 虽然我有否定自身和事物的倾向，但通过倾听自己可以信赖的人的意见并与他们交谈，我看问题的角度开始改变，逐渐多了正面的想法，开始觉得自己是值得被珍视的人。

·咨询 烦恼、不知所措的时候，我会向家人、好友、当事人伙伴及专家咨询。我亲身体会到，只要你去寻求答案，即使会花一些时间，最终都会找到解决办法。

*** 创伤会变为勋章**

创伤虽然是很大的打击，但随着你的成长，伤口会变得不那么醒目。

一棵小树经历了风雪后，当它成长为一棵大树时，那个伤口也会成为它成长的印记。

它还可以生长、发芽、延续生命。

那时，曾经奋战的岁月会成为它的骄傲，伤口就是证明。

终章

除非你行动起来

法院如何审理性暴力？

2016年5月25日，我站在霞关法务省大楼高层的大门前。

我被传唤过来参加从去年开始进行刑法（性犯罪）修改的法制审议会。

工作人员慢慢地打开门。

宽敞的会议室里，一张张桌子被摆成了U字形。刑法学者、法官、检察官、律师、精神科医生、临床心理医师，总共二十六名委员和干事聚集在一起讨论法律的修改。

桌子前堆着高高的资料，几乎要把人的脸淹没了。

要在这里修改刑法了吗？我感受到一种震慑力。

距今一百多年前，也就是明治四十年（1907年）制定的刑法规定的性暴力主要为强奸罪和强制猥亵罪。

明治时代还没有性暴力的概念。刑法条文简单地规定：“通过暴力或者胁迫奸淫十三岁以上的女子，视为强奸罪，处三年以上有期徒刑。奸淫不满十三岁女子的罪犯也受同样的处罚。”

（刑法第 177 条）另外，奸淫就是性交的意思。

但是，这部传统的法律将许多性暴力受害者排除在了性犯罪受害者的范围之外，我也是其中之一。

我第一次受到伤害是在十三岁的时候。没有遭到暴力，也没有被威胁，最终也没有性交。这样的受害者不会被认为是强奸受害者，即使要归为强制猥亵罪，也同样需要“受到暴力胁迫”这一条件。

由于只有女性才会被认为是受害者，因此男性不能成为强奸受害者。

施加在自己身上的性暴力是不是犯罪，这会对受害者的康复带来很大的影响。

如果是有罪，那么受害者就会想：这不是我的错，都是加害者的责任。或者虽然不充足，但也能够获得政府的支持。同时，还能从一直努力的警察和检察官那里获得力量。

但是，撰写记录、核查实况、审判等，会给受害者带来非常大的负担。而且，即使向警察提交申诉，现行的刑法之下，也不会自动地开始一系列的手续。

加害者是一个人的情况下，如果不是强奸致死罪，就是自诉罪，即“如果你不告发就不会变成刑事案件”的犯罪，必须要决定自己要不要对方受到处罚然后告发。这样调查才会开始，警察归为刑事案件向检察院送检，但检察院不起诉就不能进行审判。

基于这样的原因，受到性犯罪的人中，报警的只有18.5%。（法务综合研究所《第4次犯罪被害实况（统计外数量）调查》）同时，有过被异性强迫进行性交经历的女性中只有4.3%的人去跟警察联系、咨询。（内阁府《男女间暴力调查报告书》，平成二十七年）

之所以只有这么少的人去向警察联系、咨询，是因为刑法规定的强奸罪的范围太过狭窄，如果不是显而易见的暴力，那么就很难被认定为有罪。

但是，性暴力的发生多是在利用力量和地位的差距，加害者即使不对肉体施加过激的暴力，也能够达成他们的目的。同时，也有不少人出于恐惧心理导致身体变得僵硬（freeze），在反射作用下完全动弹不了。

但是，这种性暴力发生的情况和受害者的反应并不能得到法律和司法系统的理解。

谁都不知道真实的情况

我一直对这种不理解感到绝望。

为什么当父母、老师、教练这些我们必须遵从对方教诲的人实施强暴时，如果被害者不努力反抗，多数会被判断是双方同意的性行为呢？

为什么被强迫进行口交和肛交的人不能是强奸受害者呢？

为什么虽然受到了巨大的打击，但男性受害者、性少数人群就不能被认为是强奸受害者呢？

为什么受害人十三岁以上的情况下，如果没有暴力胁迫就不被认为是强奸罪呢？

为什么夫妻间的强奸基本上不会成为强奸罪呢？

要让受害者能够说出孩提时期受到的性暴力，需要几十年的时间。但为什么强奸罪的时效是十年，而强迫猥亵罪是七年呢？

这样受害者就无法起诉。

我能想象得到，受害者是在怎样的恐惧之中不得不去忍受那些状况。

即使说了“不要”，但还是会被无视遭到强奸。法庭上，听到“没有明确的拒绝”“没有发生不能够反抗的暴力胁迫”的时候，那种落入深渊的绝望是我能切身体会到的。

即使起诉也不被认为是遭到受害，这让我心如刀绞。

但是，随着内心渐渐恢复平静，我也开始慢慢明白了一些事情：

他们只是不知道。

他们只是无法想象出有那样一个让人感到恐怖的世界。

他们不知道受害者在受害时，没有选择接受或者拒绝的自由，也没有可以逃避或者请求别人帮助的机会。他们只是无法理解这些。

我的想法发生了这些变化，很大程度上是受到了2015年8月成立“关于性暴力与刑法当事人讨论会”并进行活动的影响。

法务省自2014年10月开始到第二年的8月举行了“关于性暴力与刑法当事人讨论会”，2015年秋天开始，举行了法制审议会，讨论刑法（性犯罪）的修改。

我在2015年7月参加的院内集会上听了法务省的工作人员在有关性犯罪责罚讨论会上的议论总结，感受到了巨大的震惊。

让我震惊最大的是有意见说：“也许只是极少见的案例，但我们不能认为亲子之间完全不存在基于双方同意的性关系。”

（法务省《〈有关性犯罪责罚讨论会〉总结报告书》）

这种肯定性虐待的言语让我强烈地感到“完全不了解性暴力伤害的人们正在制定着会给受害者带来很大影响的法律”。

我想，我们不能按照这个主张进行讨论。即使无济于事，即使不会有任何改变，我们也要将我们的感受、我们的所思所想表达出来。我们要传达这些，将其记录下来。

我与那些有同样感受的人们一起成立了“关于性暴力与刑法当事人讨论会”，向刑法学者学习刑法基础，向法制审议会提交请愿书，开展集会为受害者们传达他们的意见，请媒体来进行采访。

在这一系列的工作中，也有人认为即使说了也得不到理解，或是这种小团体的活动只会遭到无视。从好的方面来说，这也算有过被人背叛的经历。

当我们取得了国会议员的协助，将请愿书交到法务省的工作人员手上时，我们得以与工作人员进行交谈并传达了自己的想法。虽然在谈话中有不被理解的地方，但是这也成了我们好好思考如何能够让他们理解的契机。

集会上来了许多人，他们倾听受害当事人的声音，与我们一起思考社会的状况。媒体报道了我们，这使得之前不知道我们的受害者和法律专家们都给出很好的反馈：“你们给了我力量。”“我想听更多的内容。”

与专家、市民、报道记者们互相谈话的经历让我真切地感受到：他们并非知道了受害者们的情况，却选择什么都不做；而是当知道了这些事情时，会为我们思考行动。

提交完请愿书，稍作休息，在2016年的春天，我收到了从法务省寄来了一封邮件。

他们问我在下次总结第三次纲要（要点）的时候，是否要出席听证会。

第三次纲要提及：在本次法律修改中加入的新规定下，处于儿童无法反抗的立场的成人，如父母亲等所实施的性交，无论是否有暴力威胁的存在，一律按强奸进行处罚。纲要考虑到了未满十八岁者的监护人利用其影响力进行的性交。监护者是指父母、养父母等对孩子实行监督、保护的人。

例如，父母即使不用暴力胁迫，也可以对孩子说：“因为你很可爱啊！”“我教你一个好东西啊！”

读完邮件的那一晚，我一瞬间有拒绝的反应。

被法律这个庞然大物冷酷地否认你是受害者的身份，这种恐惧依旧残留在我的内心中。此外，一方面我想要传达受害者们的心情，而另一方面我又不想讲自己的受害经历。

有必要告诉他们的心情，被不想去这种相反的强烈感情所压倒。

一夜过去，我如是思考：他们会听我的，我去说吧。我要尽可能地告诉他们受到伤害到底是怎么一回事。

因为我觉得只靠自己无法说得很明白，所以我请近亲虐待支援小组 SIAb. 的惠子跟我一起参加听证会，她也欣然答应了。

愿望

5 月 25 日，听证会的日子终于来了。

走进法制审议会的会场，我被安排到了一个座位上，可以看到排成 U 字形桌子对面的委员和干事。

会场鸦雀无声。

部会长所坐的桌子在对面很远的地方，他的声音通过麦克风从天花板传了出来。

我鞠了一躬，开始说道："九个月前，我成立了这个会，并一直传递着受害者们的心声。我之所以做这个活动，是因为我相信只要让大家知道性暴力会带来多大的伤害，就能够改变现在这个荒唐的状况。”

然后我又接着讲。

我讲了遭受父亲性暴力的经历以及之后出现的症状。

还有自己的命运突然陷入不可预知的状态中的恐惧，不被当作人而是被当作物品对待的受害者的心情，以及如果不抵抗就不会判加害者强奸罪的现状。

几乎所有人都面无表情，但在我说受害经历的时候，我能听到很多次干咳的声音，有一个人像是在给我打气一样一直注视着我。

宽敞的会场里回荡着的，只有我的声音。

我的脑海里不断浮现出至今所遇到的那些众多被社会抛弃的受害者们的面庞。

有那些在小学遭到强奸的人。她们并没有意识到这种伤害就长大成人，在出现症状时却被误诊为综合失调症，无法获得适当的治疗，于是就被当作有问题的人。

有那些虽然说出了自己遭到父亲伤害，但却得不到母亲或其他家人承认的人。她们虽然还是未成年人，但由于已经过了十八岁[①]，因此不能成为儿童福利的对象，不得不与家人断绝关系开

---

①作者写这本书时，日本法律规定二十岁以前都是未成年人。

始独立的生活。

还有些孩子即使成为儿童福利的对象，但独自一人离开家人在儿童抚养机构生活后，到了十八岁，无依无靠地走上社会，被孤立，生活变得颓废。

“最后我想说的是，希望大家能从我们受害者的角度出发去看待性暴力。如果不这样的话，就不知道性暴力会侵害到哪些东西。

“请大家接纳不被认为是性犯罪受害者而被社会放弃的我们。这种行为是否能够被社会和法律所原谅，我希望大家做出判断。

“有人这么跟我说：‘一个人作为一个个体承受了不被整个社会接受的行为而痛苦不堪。这种社会不是很奇怪吗？’

“但愿这次审议会的讨论能够带来希望，这不仅是为了受害者、加害者，也是为了生活在这个国家的每一个人。”

安静的会场里，我感到空气有了些许变化。

我们用完了规定的二十分钟，结束了在听证会的发言。

虽然疲惫不堪，但我满是成就感、充实感。

之后，当我读到刊登在法务省官网主页上的议事录时，我能够感觉到我的发言加深了他们的理解。我想，原来我的意思已被传递了过去，我也安心了许多。

刑法修正的讨论结果是，为了消除性别差异，将强奸罪名的名称变更为“强制性交等罪”，条文今后也有可能改变。

即使如此，要制定出能够反映性暴力实情的刑法，还需要很长的时间。

我想，今后也需要持之以恒地传达受害者们的意见。

其实，说出受害经历是痛苦的，所以我们希望即使不说，大家也能够理解。

但这是不可能的，只有一直研究性暴力受害的专家以及共情能力很高的一部分人才能够理解。

法律是我们社会的规则。为了使刑法（性犯罪）能够反映出性暴力受害的实情，我们需要不断地去传达。

有时我也会想：“其实也不用我，换个其他人来做就好了。”这个时候，我就会想到美国伟大的女作家、诗人玛雅·安吉罗的话。

Nothing will work unless you do.

除非你行动起来，不然什么都不会改变。

现在，在这一瞬间，也有一些孩子在家庭这个本该是最安全的地方遭受着性暴力，心灵被摧毁，受到剧烈打击。

也有人被最信赖的人背叛，得不到身边人的理解，独自在沉默中痛苦。

还有人在意想不到的地方突然遭受伤害，失去了对人和这个世界的信赖。

我没有帮助这些人的能力。

但我可以告诉大家：

有的人虽然什么都不说，看上去很普通，但其实内心受到过巨大的创伤，正在被痛苦所折磨。

而如果有一位朋友、一个邻居、一个支援者、一位专家能在他的身边，帮助他重振精神的话，那么他的世界将会改变。

他就能够找到活着的希望。

虽然受到了伤害，但却得不到任何人的帮助。如果想要改变这个荒唐的现状的话，这就是我们一定要去做的事情。

如果我们不去传达，就不会有人理解。如果我们不去改变，社会就不会发生变化。

虽然有很多事情是我无能为力的，但也有很多事情是我力所能及的。

我们每一个人都有改变现状的能力。

一个孩子不会受到性伤害，然后耗尽一生的时间去康复的社会。

一个能够让所有人不恐惧性暴力的可怕，互相尊重彼此的性向的社会。

如果能在这个国家构建起“不容忍性暴力”的文化，那么就一定能够实现这样的社会。

或许我们所有人的活法都会发生变化。

实现这个梦想，为此能够有越来越多的人与我们共同努力。

这就是我的愿望。

结尾

写这本书的时候，我也担心过写我自己的事情是否合适。

性暴力受害者表面看上去若无其事，但内心正在狂风肆虐。我想起了只能用依赖症或其他各种各样的症状来表达狂暴的感情和攻击冲动的人们，以及连话都说不出来，在沉默中为了活下去拼命挣扎的人们。

但朋友一句“伤害是没有大小的”让我恍然大悟。

即便是在电车上被摸了屁股，也许有人内心受到很大的冲击，变得不敢再坐电车；也许有人变得无法将男人看作普通的异性；还可能有人无法用语言描述自己的状态，表现出摄食障碍或抑郁症等各种各样的症状。

这种会让人畏缩，缩小人生可能性的性暴力的存在，就是一个奇怪的事情。

没有人愿意遭受性暴力。责任在加害者身上。

如果不能发现性暴力，制止加害者，坚实地支援受害者的康复，那就无异于在默许性暴力，原谅性暴力加害者。

网络与社交软件的发达使得加害者更容易接触到年轻人，不断地产生了新的受害者。要防止这种伤害的发生，让大家既不会成为被害者，也不会成为加害者，我们必须从儿童时期就教授有关性暴力的知识。具体来说，需要在中小学校进行性暴力相关教育，努力推进福利及司法制度改革，从多方面支援受过伤害的人。

我能够走到今天，能够勉强传达出难以说明的性暴力受害的影响，都是多亏了所有关心并教给我知识的人们。

我想向以下各位表示由衷的谢意：琳达·吉普赛等走在我前面的伟大的伙伴们，总是带给我真知灼见的 NPO 法人 Resilience 的代表中岛幸子，告诉我内心深处的认识的惠子以及 SIAb. 的各位，在各种场合相遇并交谈的性暴力幸存者伙伴们，守护并养育孩子的“向日葵之会”的母亲们、以教给我有关性暴力加害许多知识的藤冈淳子教授为代表的一般社团法人 mofumofunet 的各位，在连续讲座中一路共同学习的 ensenar5 的成员们，硬派兼社会派、一直向我们展示一个社会应有样子的 NPO 法人女性安全健康支援教育中心的各位，帮助我理解了终章中所写的法律的代表理事角田由纪子律师，教给我法医护理学的佐藤喜宣医师，从 SANE 研修到日本法医护理学会、一路共同学习的 SANE 伙伴们，指导我进行陈情活动的汤前知子，给我的人生指明方向的恩师，以及在我写作思路枯竭时帮助我理解的治疗师。

我也想感谢守护着情绪不稳定的我的护士前辈、同辈以及朋友们。

我也想发自内心地感谢一直支撑、守护着我的朋友美智子、我的丈夫和母亲，他们都是我最重要和不可替代的人。

最后，我想感谢将本书读到最后的读者们。

我希望大家读完这本书后，能够理解性暴力带给人的巨大而又复杂的影响。

期望有更多的人在对难以理解的性暴力伤害有了些许了解后，能够温柔、暖心、强有力地帮助性暴力受害者、幸存者。

若您愿意成为这其中的一员，我将不胜喜悦。

参考文献

落合滋之监修，秋山刚编写：《精神神经疾病视觉图书》，学研医学秋润社，2015 年。

宫地尚子：《心理创伤》，岩波新书，2013 年。

彼得·莱文著，藤原千惠子译：《连接身心的心理创伤治疗》，云母书房，2008 年。

加纳尚美等编写：《法医护理——从性暴力受害者支援的基础到实践》，医齿药出版，2016 年。

爱德华·哈茨安、马克·J. 阿尔瓦纳西著，松本俊彦译：《人为什么会患上依赖症——作为自我治疗的依赖症》，星和书店，2013 年。

罗恩·库尔茨著，冈健治等译：《心理疗法——从咨询的基础到高级》，星和书店，1996 年。

辛西娅·L. 马瑟、K. E. 德拜著，野坂祐子、浅野恭子译：《想告诉你的事情——为了从性虐待、性伤害中康复》，诚信书房，2015 年。

齐藤学：《被封印的呼喊——心理外伤与记忆》，讲谈社，1999年。

板谷利加子：《亲启》，角川书店，1998年。

藤冈淳子：《性暴力的理解与治疗教育》，诚信书房，2006年。

朱迪斯·刘易斯·赫尔曼著，齐藤学译：《父亲——女儿：近亲强奸》，诚信书房，2000年。

市桥秀夫监修：《一本书帮你读懂人格障碍》，讲谈社，2006年。

中岛幸子：《我的康复——与心理创伤共生》，梨之木舍，2013年。

列奥·巴士卡里雅著、草柳大藏译：《爱和生活》，三笠书房，1999年。

上冈阳江·大岛荣子：《之后的不自由——生活在“暴风雨”后的人们》，医学书院，2010年。

松本俊彦：《如果听到有人说“想死”——自杀风险的评估与应对》，中外医学社，2015年。

朱迪斯·刘易斯·赫尔曼著，中井久夫译：《心理外伤与恢复》（增补版），美筱书房，1999年。

卡洛琳·M.拜尔著，宫地尚子监修，菊池美名子、汤川弥生译：《儿童遭遇性伤害的时候——写给母亲、支援者的书》，明石书店，2010年。

大薮顺子：《态度》，生命之语社视觉图书，2007年。

mofumofunet 各种专业研修资料。

团体介绍

***SIAb.（Survivors of Incestuous Abuse，通称西雅部）**

专门支援遭受过近亲强奸虐待伤害的人群的团体，成立于2013年，策划了SIAb.项目。

发布当事人进行交谈的情形的视频与康复信息。（URL：http：//siab.jp）

***NPO法人Resilience（http：//resilience.jp/）**

进行一些活动，宣传家庭暴力、虐待、精神霸凌及其他原因造成的心理伤害的信息。

***NPO法人女性安全健康支援教育中心（http：//shienkyo.com/）**

为致力于解决针对女性、儿童的暴力的支援者们举办的研修讲座。

***一般社团法人 mofumofunet（http：//mofumofunet.jimdo.com/）**

实施项目，减少人们遭受暴行、犯罪后的负面影响。